"十四五"高等职业教育计算机类新形态一体化系列教材

OpenStack
云计算平台技术及应用

千锋教育 ◎ 编著

中国铁道出版社有限公司
CHINA RAILWAY PUBLISHING HOUSE CO., LTD.

内容简介

本书为"十四五"高等职业教育计算机类新形态一体化系列教材之一,以实用的案例、通俗易懂的语言进行概念讲解,并提供了具体的项目让学生快速练习,让学生更加高效地掌握 OpenStack 云计算技术在企业中的应用。全书共 7 个项目,从 VMware Workstation 的安装与单节点自动化部署 OpenStack 入手,逐渐过渡到多节点 OpenStack 环境部署、OpenStack 最小化部署,在此基础上完成基于 OpenStack 的校园虚拟实验室项目、校园网络攻防平台项目以及基于容器技术的 OpenStack 云平台部署等新颖的 OpenStack 项目。本书附有源代码、习题、教学课件等资源,为了帮助学生更好地学习,编者还提供了在线答疑服务。

本书适合作为高等职业院校计算机及相关专业的教材,也可作为运维工程师、云计算工程师等相关从业人员的参考书。

图书在版编目(CIP)数据

OpenStack 云计算平台技术及应用 / 千锋教育编著 . —北京:中国铁道出版社有限公司,2023.11
"十四五"高等职业教育计算机类新形态一体化系列教材
ISBN 978-7-113-30585-7

Ⅰ. ①O… Ⅱ. ①千… Ⅲ. ①云计算－高等职业教育－教材 Ⅳ. ① TP393.027

中国国家版本馆 CIP 数据核字(2023)第 187086 号

书　　名:OpenStack 云计算平台技术及应用
作　　者:千锋教育

策　　划:祁　云　　　　　　　　　　　　编辑部电话:(010)63549458
责任编辑:祁　云　包　宁
封面设计:尚明龙
责任校对:安海燕
责任印制:樊启鹏

出版发行:中国铁道出版社有限公司(100054,北京市西城区右安门西街 8 号)
网　　址:http://www.tdpress.com/51eds/
印　　刷:河北宝昌佳彩印刷有限公司
版　　次:2023 年 11 月第 1 版　2023 年 11 月第 1 次印刷
开　　本:850 mm×1 168 mm　1/16　印张:13　字数:345 千
书　　号:ISBN 978-7-113-30585-7
定　　价:46.00 元

版权所有　侵权必究

凡购买铁道版图书,如有印制质量问题,请与本社教材图书营销部联系调换。电话:(010)63550836
打击盗版举报电话:(010)63549461

序

党的二十大报告指出："加强企业主导的产学研深度融合，强化目标导向，提高科技成果转化和产业化水平。强化企业科技创新主体地位，发挥科技型骨干企业引领支撑作用，营造有利于科技型中小微企业成长的良好环境，推动创新链产业链资金链人才链深度融合。"报告中使用了"强化企业科技创新主体地位"的全新表达，特别强调要"加强企业主导的产学研深度融合"。

为了更好地贯彻落实党的二十大精神，北京千锋互联科技有限公司和中国铁道出版社有限公司联合组织开发了"'十四五'高等职业教育计算机类新形态一体化系列教材"。本系列教材编写思路：通过践行产教融合、科教融汇，紧扣产业升级和数字化改造，满足技术技能人才需求变化。本系列教材力争体现如下特色：

1. 设置探索性实践性项目

编者面对IT技术日新月异的发展环境，不断探索新的应用场景和技术方向，紧随当下新产业、新技术和新职业发展，并将其融合到高职人才培养方案和教材中。本系列教材注重理论与实践相融合，坚持科学性、先进性、生动性相统一，结构严谨、逻辑性强、体系完备。

本系列教材设置探索性科学实践项目，以充分调动学生学习积极性和主动性，激发学生学习兴趣和潜能，增强学生创新创造能力。

2. 立体化教学服务

（1）高校服务

千锋教育旗下的锋云智慧提供从教材、实训教辅、师资培训、赛事合作、实习实训，到精品特色课建设、实验室建设、专业共建、产业学院共建等多维度、全方位服务的产教融合模式，致力于融合创新、产学合作、职业教育改革，助力加快构建现代职业化教育体系，培养更多高素质技术技能人才。

锋云智慧实训教辅平台是基于教材专为中国高校打造的开放式实训教辅平台，为高校提供高效的数字化新形态教学全场景、全流程的教学活动支撑。平台由教师端、学生端构成，教师可利用平台中的教学资源和教学工具，构建高质量的教案和高效教辅流程。同时教师端和学生端可以实现课程预习、在线作业、在线实训、在线考试等教学环节和学习行为，以及结果分析统计，提升教学效果，延伸课程管理，推进"三全育人"教改模式。扫下方二维码即可体验该平台。

（2）教师服务

教师服务群（QQ群号：713880027）是由本系列教材编者建立的，专门为教师提供教学服务，分享教学经验、案例资源，答疑解惑，进行师资培训等。

锋云智慧公众号

（3）大学生服务

"千问千知"是一个有问必答的IT学习平台，平台上的专业答疑辅导老师承诺在工作日的24小时内答复读者学习时遇到的专业问题。本系列教材配套学习资源可通过添加QQ号2133320438或扫下方二维码索取。

千锋教育是一家拥有核心教研能力以及校企合作能力的职业教育培训企业，2011年成立于北京，秉承"初心至善，匠心育人"的企业文化，以坚持面授的泛IT职业教育培训为根基。公司现有教育培训、高校服务、企业服务三大业务板块。教育培训分为大学生职业技能培训和职后技能培训；高校服务主要提供校企合作全解决方案与定制服务。

千问千知公众号

本系列教材编写理念前瞻、特色鲜明、资源丰富，是值得关注的一套好教材。我们希望本系列教材能实现促进技能人才培养质量大幅提升的初衷，为高等职业教育的高质量发展起到推动作用。

千锋教育

2023年8月

前言

教育、科技、人才是全面建设社会主义现代化国家的基础性和战略性支持。在此前提下，社会生产力变革对IT行业从业者提出了新的需求，以适应中国式现代化的高速发展。从业者不仅要具备专业技术能力、业务实践能力，更需要培养健全的职业素质，复合型技术技能人才更受企业青睐。为深入实施科教兴国战略、人才强国战略、创新驱动发展战略，教材内容也应紧随新一代信息技术和新职业要求的变化而及时更新。

本书倡导理实结合，实战就业。引入企业项目案例，针对重要知识点，精心挑选案例，将理论与技能深度融合，促进隐性知识与显性知识的转化。案例讲解包含设计思路、应用场景、效果展示、部署方式、项目分析、疑点剖析。从动手实践的角度，帮助读者逐步掌握前沿技术，为高质量就业赋能。

本书在章节设计上采用循序渐进的方式，内容全面。在阐述中尽量避免使用生硬的术语和枯燥的公式，从实际业务对环境的实际需求入手，将理论知识与实际应用相结合，促进学习和成长，快速积累虚拟化业务维护与管理经验，从而在职场中拥有较高起点。

云计算是当今IT行业的热门话题，其主要作用是将多节点部署集群中的计算资源集中到"云"，使用户能够通过"云"实现快速计算、持久存储等。其中，OpenStack利用其免费、开源、功能强大等优势成为企业中常用的云计算技术之一。

本书包括以下内容：

项目1，主要介绍云计算的概念、Linux虚拟化技术与OpenStack架构组成。

项目2，主要介绍OpenStack云平台单节点自动化部署与OpenStack Dashboard界面管理。

项目3，主要介绍在多节点部署OpenStack之前需要的环境，包括配置主机网络、配置网络时间协议、部署数据库、安装消息队列服务、安装对象缓存服务与安装存储服务。

项目4，主要介绍通过OpenStack最小化部署来实现其基本功能，需要部署的核心组件包括身份认证服务、镜像服务、定位服务、计算服务与网络服务。

项目5，主要介绍通过在OpenStack中部署仪表盘与块存储服务来实现校园虚拟实验室功能。

项目6，主要介绍以OpenStack为基础部署校园网络攻防平台。

项目7，主要以Kolla项目为例，介绍基于容器技术来部署OpenStack。

通过对本书的系统学习，读者能够快速掌握OpenStack的部署方式，以及获取基于OpenStack的项目经验。

本书的编写和整理工作由北京千锋互联科技有限公司高教产品部完成，其中主要的参与人员有蒋年德、胡慧娟、高小辉、杨涌、李伟、邢梦华等。除此之外，千锋教育的500多名学员参与了教材的试读工作，他们站在初学者的角度对教材提出了许多宝贵的修改意见，在此一并表示衷心的感谢。

在本书的编写过程中，虽然力求完美，但难免有一些不足之处，欢迎各界专家和读者朋友们给予宝贵的意见，联系方式：textbook@1000phone.com。

编 者

2023年7月

目 录

项目 1 云计算之 OpenStack 1
  项目分析 1
  项目描述 2
    任务 1.1   了解云计算 2
      任务 1.1.1   了解云计算的起源 2
      任务 1.1.2   理解云计算的概念 4
    任务 1.2   认识 Linux 虚拟化技术 9
      任务 1.2.1   理解虚拟化技术的概念 9
      任务 1.2.2   理解 OpenStack 支持的虚拟化技术 11
      任务 1.2.3   安装 VMware Workstation 12
    任务 1.3   认识 OpenStack 17
      任务 1.3.1   OpenStack 概述 17
      任务 1.3.2   OpenStack 架构与组件 18
  知识拓展 20
    常见的云平台技术 20
  项目小结 21
  项目考核 21

项目 2 单机一体化部署 OpenStack 22
  项目分析 22
  项目描述 22
    任务 2.1   使用 Packstack 单机部署 OpenStack 23
      任务 2.1.1   系统安装 23
      任务 2.1.2   环境部署 29
      任务 2.1.3   软件库环境部署 36
      任务 2.1.4   自动化部署 OpenStack 37
    任务 2.2   管理 OpenStack Dashboard 38
      任务 2.2.1   OpenStack Dashboard 界面的常用功能 38
      任务 2.2.2   认识身份管理界面 41
  知识拓展 42
    一、常见的 Linux 发行版 42
    二、CentOS 发展史 43
  项目小结 44

项目考核 44

项目 3　部署 OpenStack 云计算基础环境 45

项目分析 45

项目描述 46

　任务 3.1　配置主机网络 46

　　任务 3.1.1　关闭防火墙 46

　　任务 3.1.2　配置静态 IP 地址 47

　　任务 3.1.3　解析主机名 49

　　任务 3.1.4　配置 Yum 仓库 50

　任务 3.2　配置网络时间协议 51

　任务 3.3　部署数据库 51

　任务 3.4　安装消息队列服务 54

　任务 3.5　安装对象缓存服务 54

　任务 3.6　安装存储服务 55

知识拓展 55

　常见的数据库 55

项目小结 58

项目考核 58

项目 4　OpenStack 最小化部署 59

项目分析 59

项目描述 60

　任务 4.1　部署身份认证服务 60

　　任务 4.1.1　创建数据库 61

　　任务 4.1.2　安装与配置组件 61

　　任务 4.1.3　配置环境变量 62

　　任务 4.1.4　验证操作 62

　任务 4.2　部署镜像服务 65

　　任务 4.2.1　环境部署 65

　　任务 4.2.2　安装与配置镜像服务 68

　　任务 4.2.3　验证操作 69

　任务 4.3　部署定位服务 70

　　任务 4.3.1　创建数据库 70

　　任务 4.3.2　配置用户与终端节点 71

　　任务 4.3.3　安装与配置服务 73

　　任务 4.3.4　验证操作 74

　任务 4.4　部署计算服务 76

　　任务 4.4.1　创建数据库 76

　　任务 4.4.2　配置用户与终端节点 77

　　　　任务 4.4.3　安装与配置服务 79
　　　　任务 4.4.4　计算节点部署 82
　　　　任务 4.4.5　验证操作 85
　　任务 4.5　部署网络服务 86
　　　　任务 4.5.1　环境部署 87
　　　　任务 4.5.2　控制节点部署 89
　　　　任务 4.5.3　计算节点部署 94
　　　　任务 4.5.4　验证操作 95
　知识拓展 97
　　OpenStack 常见组件 97
　项目小结 98
　项目考核 98

项目 5　OpenStack 部署校园虚拟实验室 99

　项目分析 99
　项目描述 100
　　任务 5.1　部署仪表盘 100
　　　　任务 5.1.1　安装以及配置组件 101
　　　　任务 5.1.2　验证操作 102
　　任务 5.2　部署块存储服务 104
　　　　任务 5.2.1　创建数据库 104
　　　　任务 5.2.2　配置用户与终端节点 104
　　　　任务 5.2.3　安装与配置控制节点服务 108
　　　　任务 5.2.4　配置块存储节点基础环境 109
　　　　任务 5.2.5　安装与配置块存储节点服务 110
　　　　任务 5.2.6　安装与配置备份服务 111
　　　　任务 5.2.7　验证操作 111
　　任务 5.3　部署虚拟实验环境 112
　　　　任务 5.3.1　项目创建 112
　　　　任务 5.3.2　项目管理 122
　　　　任务 5.3.3　项目实践 135
　知识扩展 145
　　常见的存储方式 145
　项目小结 146
　项目考核 146

项目 6　基于 OpenStack 部署校园网络攻防平台 147

　项目分析 147
　项目描述 148
　　任务 6.1　规划校园网络攻防平台 148

任务 6.1.1	设计校园网络攻防平台架构	148
任务 6.1.2	部署校园网络攻防平台云上环境	149

任务 6.2 部署云上靶机 ... 151
- 任务 6.2.1 创建云上实例 ... 151
- 任务 6.2.2 部署靶机网站 ... 154

任务 6.3 创建 Kali Linux 实例 ... 161
- 任务 6.3.1 制作 QCOW2 格式的 Kali Linux 镜像 ... 162
- 任务 6.3.2 创建 Kali Linux 实例 ... 164

知识扩展 ... 166
- 一、了解网络安全 ... 166
- 二、了解常见的网络攻击技术与防御措施 ... 168

项目小结 ... 171
项目考核 ... 171

项目 7　部署基于容器技术的 OpenStack 云平台 ... 172

项目分析 ... 172
项目描述 ... 173

任务 7.1 掌握 Docker 工作原理 ... 173
- 任务 7.1.1 了解容器工作原理 ... 173
- 任务 7.1.2 了解容器编排 ... 175

任务 7.2 拉取容器镜像 ... 175
- 任务 7.2.1 理解 Docker 镜像构造 ... 176
- 任务 7.2.2 掌握镜像拉取方式 ... 177

任务 7.3 管理容器状态 ... 178
- 任务 7.3.1 运行容器 ... 178
- 任务 7.3.2 停止容器 ... 182
- 任务 7.3.3 删除容器 ... 183

任务 7.4 部署 Kolla 项目 ... 186
- 任务 7.4.1 环境部署 ... 186
- 任务 7.4.2 安装 Kolla-ansible ... 190
- 任务 7.4.3 安装 Kolla ... 191

知识扩展 ... 193
- 一、Docker 的基本架构 ... 193
- 二、容器编排介绍 ... 194

项目小结 ... 195
项目考核 ... 195

参考文献 ... 197

项目 1

云计算之 OpenStack

项目描述

舞台的存在能够让演员肆意挥洒自己的汗水,所以对于演员来说,舞台就是尽情展示自己的平台。在互联网行业,一款软件想要畅通无阻地运行,就必须拥有适合自身的平台。经过多年发展,如今云计算平台成为最常见的业务平台类型之一,其中 OpenStack 作为一款功能强大的开源云平台几乎成为云计算行业的必修课。在本次项目中,读者需要初步认识 OpenStack。

学习目标

◎了解云计算的基本概念
◎掌握虚拟化技术
◎了解 OpenStack 概念
◎理解 OpenStack 架构

典型任务

◎安装配置 VMware Workstation 虚拟机平台

项目分析

云计算(Cloud Computing)是分布式计算的一种,指的是通过网络将数据传输到"云"端,由云端将数据分解为若干份,然后分发到多个计算机系统进行处理与分析,最后将处理结果返回给用户。云计算发展初期,只是单纯地解决分布式计算、任务分发与计算结果合并问题。随着云计算技术的发展,目前通过这项技术可以在秒级的时间内完成对大量数据的处理,从而为用户提供强大的网络服务。

现阶段云计算已经不单单指分布式计算,而是分布式计算、负载均衡、并行计算、网络存储、热备份冗余与虚拟化等计算机技术的混合演变升级的结果。

当前云计算指通过计算机网络与多节点形成的具备强大计算能力的系统,可存储、分发计算资源并按需配置,向用户提供高效便捷的计算网络服务。

"云"实质上是网络,狭义上的云计算则是向用户提供资源的网络,而在这个提供资源的过程中需要一个固定的平台来支撑,这个平台称为云平台。广义上的云计算是与信息技术、软件、互联网相关的一种服务,"云"则是存储计算资源的资源池,云平台为用户提供了可操作资源池的途径。

随着云计算的发展,各种云计算技术也层出不穷,OpenStack 便是其中最具代表性的技术之一。

项目描述

OpenStack是当前流行的云计算技术之一，也是根据云计算概念衍生出的较为成熟的技术。因此，在学习OpenStack之前需要了解云计算的相关概念与理论。OpenStack云平台的实现是基于虚拟化技术的，因为它需要将物理资源转化为虚拟资源呈现给用户。所以读者需要对虚拟化相关知识有一定的了解。物理资源是虚拟化的前提，通常在学习的过程中会安装虚拟化应用，来模拟出需要的系统环境，其中VMware Workstation是常见的虚拟化应用之一。另外，OpenStack是一系列庞大的工具集，本书将讲解其中最常用的组件及其核心架构。

综上所述，安装VMware Workstation应用是学习OpenStack的必要前提，而OpenStack核心架构则是后续学习的中心思想。

本次项目的技能描述见表1.1。

表 1.1 项目技能描述

项目名称	任 务	技能要求
云计算之 OpenStack	了解云计算	初学者可学
	认识 Linux 虚拟化技术	具备计算机常识
	认识 OpenStack	初学者可学

任务 1.1 了解云计算

学习任务

云计算已成为当今技术的热门话题，起初主要由Google、IBM、Amazon等企业组织提供的营销和服务推动。云计算几乎成为互联网发展的下一阶段，互联网设施以及相关标准为用户提供了一组Web服务，云厂商将这些Web服务以"云"的形式提供给用户。

读者需要重点完成以下任务。

任务1.1.1 了解云计算的起源

关于云计算的起源，如今公众普遍认为，谷歌前CEO埃里克·施密特在2006年8月9日搜索引擎大会（SES San Jose 2006）上，首次提出了"云计算（Cloud Computing）"的概念。

也有人认为，美国亚马逊（Amazon）公司早在2006年3月就正式推出了弹性计算云（Elastic Compute Cloud，EC2）服务，是真正的云计算开创者。

互联网行业大致经历了四个时期后，才发展到云计算时期，这四个时期分别是集群化时期、网格计算时期、虚拟化时期与云计算时期。

1. 集群化时期

在互联网企业建设的初步阶段，各企业习惯于将自身硬件资源集中管理，并存储于数据中心，其主要目的是为基础设施服务。随着集群化的发展，各类问题也不断产生，如数据传输中断、数据中心断电等。因此，各大企业开始为数据中心做容灾方案，保证业务能够不间断运行。与此同时，数据中心的管理也逐渐标准化，已有业务可在此基础上不断扩展，新业务也能获取良好的上线环境，如图1.1所示。

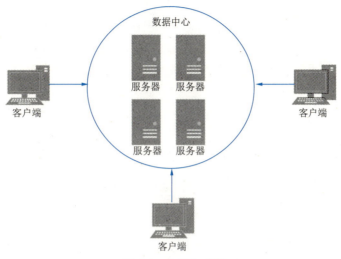

图 1.1　集群化时期

2. 网格计算时期

计算资源以计算网格作为一个平台，形成一个或多个资源池，将资源池中的资源进行统一调用实现资源管理，由此网格计算时期来临。网格计算以中间件层为基础，且中间件层部署于计算资源之上。网格计算本身具备了可恢复性、可扩展性、资源池等属性，这些属性也是云计算所具备的。相较于集群化，网格计算的耦合性更低，因此网格系统能够包含不同的技术资源，如图1.2所示。

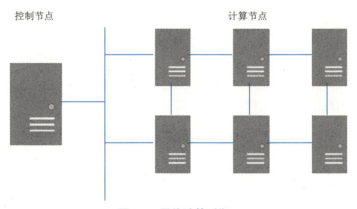

图 1.2　网格计算时期

3. 虚拟化时期

在企业IT建设蓬勃发展的时期，基础设施的数量快速增长，建设成本增加，反而拖慢了建设速度。即使IT业务建设进行了模板标准化，但高昂的建设成本仍是建设过程中的一大问题。与此同时，大规模的集群设施造成了严重的资源利用率不足，也成为增加建设成本的根本原因之一。于是，在这一时期，虚拟化技术得到了广泛应用。

虚拟化的主要目标是通过从根本上改造传统计算以使其更具可伸缩性来管理工作负载。数十年来，虚拟化一直是IT领域的一部分，如今，它可以应用于广泛的系统层，包括操作系统级虚拟化、硬件级虚拟化和服务器虚拟化，如图1.3所示。

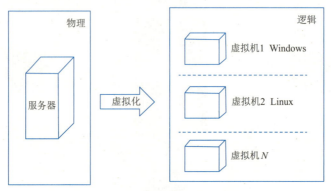

图1.3　虚拟化技术

4．云计算时期

随着网站访问量越来越大，用户需求越来越丰富，网站架构也变得越来越笨重，IT建设成本越来越高。当一个网站架构中的服务器越多，网站出现故障的概率就越大。考虑到网站可能出现的故障，那就需要采用一些预防故障策略，使一些服务器在发生故障时其工作能够被其他服务器替代，从而不影响网站整体运行。采用这种策略的网站架构，势必需要不断增加新的服务器，从而导致网站架构更加庞大，建设成本再次增加。

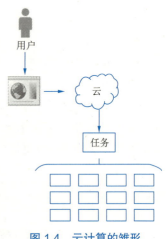

这时，有人提出用一台拥有超强计算能力的计算机代替庞大又复杂的网站架构。而人类始终无法生产出这样的计算机，但人们又研究出了能够提升计算机计算能力的方式——将多台计算机连接起来，共同去完成一项任务。用户可以通过云平台管理计算机，对于用户而言，面向的就是一台拥有超强计算能力的计算机。这就是云计算的雏形，如图1.4所示。

图1.4　云计算的雏形

现如今，云计算的概念已经普及到了实际工作中，用户通过云平台能够自由且高效地构建与管理自己的网站。

随着数据安全性的提高和重要信息的存储，云已满足业务需求。云的工作原理与基于Web的电子邮件服务类似，都利用网络批量存储数据并实现全球访问。基于云的应用程序非常广泛，如基于阿里云的天猫和淘宝应用、基于华为云的猎聘网、基于腾讯云的大众点评应用等；国外基于云的应用程序，如Amazon Web Services（AWS）、Microsoft Azure、Google Cloud Platform（GCP）等。此类应用程序托管在云服务器上，为企业和个人提供了各种各样的云计算服务。

任务1.1.2　理解云计算的概念

云计算是具有广泛IT基础结构的最新一代技术，它使用户可以通过网络使用云平台的应用程序作为实用程序。云计算将IT基础架构及其服务按需提供给用户。云技术包括开发平台、硬盘、计算能力、软件应用程序、数据库等,这些技术不需要大规模的资本支出即可提供访问。云促进了按使用付费,即用户只需支付少量的费用即可使用云基础架构。

1. 云计算的定义

云计算基于互联网的相关服务的增加、使用和交付模式,通常涉及通过互联网来虚拟化资源。"云"通常为互联网的一种比喻说法,而"计算"一词有两层含义,一是进行计算,二是对计算机资源的简称。因此,可以把云计算理解为将计算机资源通过网络进行虚拟化,或者用虚拟化资源进行计算。

现在对于云计算的定义没有一个标准的说法,一千个人心中有一千种云计算的概念,现阶段比较被人们认可的说法是美国国家标准与技术研究院(National Institute of Standards and Technology,NIST)给出的定义:云计算是一种按使用量付费的模式,它随时随地提供便捷的、可通过网络按需访问的可配置计算资源共享池(资源包括网络、服务器、存储、应用软件、服务),这些资源能够快速调配,极度缩减管理资源的工作量和与服务供应商的交互。简单地说,云计算通过网络连接的方式对计算资源进行统一的管理和调度,构建一个计算资源池向用户按需提供服务。

2. 云计算的特征

(1)按需计算和自助服务设置

开发人员无须等待新服务器交付到私有数据中心,而可以在云平台选择所需的资源和工具并立即进行网站构建。云平台管理员会配置相关策略,以保证服务的可靠性,在策略允许范围内用户可自由构建、测试与部署应用程序。

(2)资源池

用户在云上的资源是从硬件与底层软件中抽象出来的,所以随着公有云用户的增多,云厂商越来越依赖硬件与抽象层来提高云上服务的安全性与访问速度。与此同时,云计算平台可根据具体需求动态分配资源池中的资源。

(3)可伸缩性和快速弹性

用户需要时可在资源池中获取资源,不需要时可将资源释放到资源池中,并且整个过程十分便捷,因此资源池的存在为云上资源提供了可伸缩性与快速弹性。具备了可伸缩性与快速弹性的云上资源可以被用户进行垂直或水平扩展,同时云厂商提供了自动化软件来为用户处理动态扩展内容。

对于传统的本地架构,扩展的过程是比较烦琐且漫长的。在日常生活中,网站在淡季与旺季的访问量存在较大差异。旺季来临之前,企业需要扩展架构来应对大量的访问。旺季结束之后,企业需要减少服务器以避免不必要的资源支出,因为空闲的服务器本身需要投入大量的成本。

(4)互联网获取

云计算的资源可以通过互联网随时获取。

3. 云计算服务类型

根据美国国家标准与技术研究院的定义,云计算有基础设施即服务(IaaS)、平台即服务(PaaS)和软件即服务(SaaS)三大服务模式,这是目前被业界最广泛认同的划分。

(1)基础设施即服务

基础设施即服务(IaaS)是即时计算基础服务,可通过互联网服务管理和监视,如图1.5所示。

IaaS为企业提供了现成的IT基础架构,如开发环境、专用网络、安全数据存储、开发工具、测试工具、功能监视等。企业无须构建和保护自己的IT基础架构,而是借助第三方服务器和云备份存储设备支撑整个开发过程。消费者不管理或控制任何云计算基础设施，但能控制操作系统的选择、存储空间、部署的应用，也有可能获得有限制的网络组件（如防火墙、负载均衡器等）的控制。

图1.5 基础设施即服务

（2）平台即服务

平台即服务（PaaS）是一种提供开发工具、API和部署工具的访问的软件服务。它允许客户通过应用程序提供的平台来开发、运行和管理应用程序，以此减少维护的复杂性。用户可以访问虚拟开发环境和云存储，在其中构建、测试和运行应用程序，如图1.6所示。

图1.6 平台即服务

PaaS支持从简单的基于云的应用程序交付到更高的支持云的应用程序。用户可以按需付费，从云服务提供商处购买资源，这些资源可通过互联网访问。

PaaS不仅包括服务器、存储和网络资源，还提供了数据库、工具、业务服务等。PaaS平台为开发者提供了一个完整的环境，涵盖了应用程序的整个生命周期，从构建、测试、部署、管理到修改。

PaaS将用户使用的开发环境部署到云计算基础设施上。客户不需要管理或控制底层的云基础设施，但他们能控制部署的应用程序，也能控制运行应用程序的托管环境配置。PaaS为了托管客户的应用程序，提供了其他与应用程序相关联功能，如网络、服务器、存储、操作系统、数据库等。客户可以使用云厂商提供的配置来协助软件的部署。

（3）软件即服务

软件即服务（SaaS）是一个Web平台，可为用户提供基于订阅的云计算访问，如图1.7所示。

在软件即服务中，云服务由第三方通过互联网提供，提供的软件基于订阅，并集中托管。软件即服务是许多业务应用程序（如办公软件、消息传递软件、工资核算处理软件等）的通用交付模型之一。

SaaS的应用程序又称托管软件、按需软件和基于Web的软件。

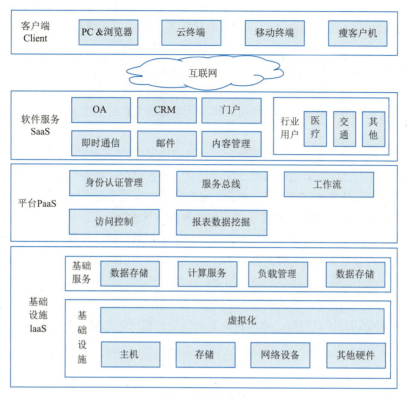

图 1.7 软件即服务

在原始的平台上,用户需要部署与维护自己的基础设施,搭建平台,以及开发软件。在IaaS中,基础设施的部署与维护由卖方托管,用户需要做的是搭建平台与开发软件。在PaaS中,基础设施与平台由卖方托管,用户只需要开发与维护上层应用即可。而在SaaS中,基础设施、平台与软件应用都由卖方提供,用户只需要管理软件应用。原始平台、IaaS、PaaS与SaaS之间的区别,如图1.8所示。

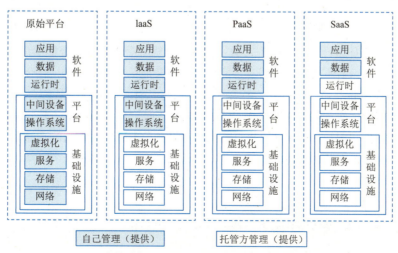

图 1.8 原始平台、IaaS、PaaS 与 SaaS 之间的区别

4. 云计算部署模型

（1）公有云

公有云是一种云托管，企业或个人可以将服务托管到云平台，并通过云平台对服务进行管理，如图1.9所示。

公有云提供商不仅为用户提供托管服务，还提供了其他能够满足用户不同需求的服务，如防火墙类服务、安全检测类服务、存储类服务等。目前国内常见的公有云提供商有阿里云、华为云、腾讯云、百度云、青云等。相较于使用物理服务器，使用云服务器是更加实惠的选择。

（2）私有云

私有云是为特定用户专门建立的云托管平台，只能由特定用户访问与管理。

私有云可以是企业自己建立，也可以由云厂商建立。通常企业在拥有自己的基础设备后才能够建立私有云，基础设备也由自身维护。相较于公有云，私有云的安全性更高一些。

私有云又称"内部云"，它允许在特定边界或组织内访问系统和服务。私有云平台是在基于云的安全环境中部署的，该环境由高级防火墙保护，并由属于特定组织的IT部门监视。私有云仅允许授权用户使用，从而增强了企业对数据及其安全性的控制力。通常情况下，那些对动态、安全等有需求的企业适合应用私有云。

（3）混合云

混合云是一种集成的云计算类型，由两种或多种云服务组成，但它是一种独立的云计算部署模型，如图1.10所示。

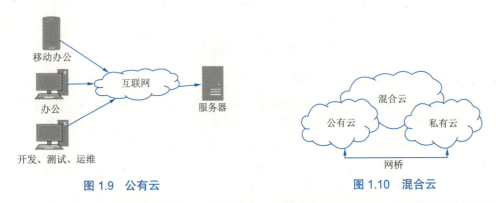

图1.9　公有云　　　　　　　　　　图1.10　混合云

混合云可以包含多种云计算部署模型，通过多种云计算部署模型的配合能够满足用户的不同需求。私有云的安全性是公有云所不及的，而公有云的计算资源又是私有云没有的。混合云的出现能够很好地解决以上矛盾，还能够扬长避短。因此，相较于公有云与私有云，混合云是一个比较完善的云部署方案。私有云的扩展能力比较有限，如需扩展，还需要硬件支持。而公有云具备较强的扩展能力，通过云平台能够迅速得到扩展。用户可以将非机密性的功能移动到公有云，而机密的功能部署在私有云。创建私有云的成本比较高，公有云的成本比较低，将公有云与私有云组合使用既可以降低成本，又可以保证核心数据的安全性。

（4）社区云

社区云服务在属于同一社区的各个组织和公司之间共享，存在共同的关注点，可以由第三方或内部管理。

云端资源专门给固定的几个单位内的用户使用，而这些单位对云端具有相同的诉求（如安全要求、云端使命、规章制度、合规性要求等)。云端的所有权、日常管理和操作的主体可能是本社区内的一个或多个单位,也可能是社区外的第三方机构,还可能是二者的联合。云端可能部署在本地,也可能部署于他处。

社区云可以减轻成本压力、解决安全问题、降低技术复杂性,并填补特定服务的空缺。社区云本质上具有很大的适应性,因此迁移过程通常较为灵活。此外,数据中心中有越来越多的可用资源,也可以在许多级别上进行迁移。

社区云具有很高的可扩展性和灵活性,这是因为它几乎与每个用户兼容,并且可以根据自己的需求进行修改。

任务 1.2　认识 Linux 虚拟化技术

学习任务

云计算是一种新型的业务交付模式,同时也是新型的IT基础设施管理方法。通过新型的业务交付模式,将处于底层的硬件、软件、网络资源等进行优化,并以业务的形式提供给用户。新型的IT基础设施管理方法将海量资源作为一个统一的大资源进行管理,使云厂商在大量增加资源的同时,只需增加少量的工作人员进行维护管理。云计算技术以虚拟化技术为基础,实现业务隔离与资源管理。

读者需要重点完成以下任务。

任务1.2.1　理解虚拟化技术的概念

1. 虚拟化体系结构与 Hypervisor

在计算机技术中,虚拟化(Virtualization)是一种资源管理技术。虚拟化的目的是在同一台主机上运行多个系统或应用,从而达到提高资源利用率、节约成本的目的。将单台服务器中的各种资源,如网络、存储、CPU及内存等,整合转换为一台或多台虚拟机后又可以单独使用,使用户可以从多个方面充分利用计算资源,如图1.11所示。

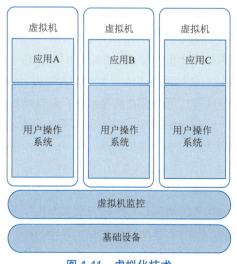

图 1.11　虚拟化技术

在x86平台虚拟化技术中，虚拟机的管理程序称为虚拟机监控器（Virtual Machine Monitor，VMM），又称Hypervisor。它的本质是运行在物理机与虚拟机之间的软件层，也是物理资源过渡到虚拟资源的缓冲层。其中，物理机称为主机（Host），虚拟机称为客户机（Guest），而中间的软件层即为Hypervisor。

（1）主机

主机指物理计算机，又称宿主计算机（宿主机）。承载虚拟机运行的计算机也可以是虚拟机而并非物理机。主机操作系统是指宿主机的操作系统，在宿主机操作系统中安装虚拟化软件，可在该计算机中模拟一台或多台虚拟机。

（2）虚拟机

虚拟机指运行在物理计算机操作系统上的，被虚拟化软件模拟出来的计算机，又称客户机。虚拟机可安装属于自己的操作系统与应用程序，而运行在虚拟机上的操作系统称为客户操作系统。操作系统无法识别它的宿主机的计算机是物理机还是虚拟机，对于操作系统及运行在操作系统上的软件来说，虚拟机与物理机都是相同的。

Hypervisor在主机硬件设备的基础上向用户提供了一个虚拟操作平台，用户可通过该平台管理主机上的每台虚拟机，且每台虚拟机之间相互独立又共享主机的硬件资源。Hypervisor软件向虚拟机提供了虚拟硬件，该软件大致分为两类：原生型与宿主型。

（1）原生型（Native）

原生型又称裸机型（Bare-metal），该类型的Hypervisor以操作系统的形式直接运行在计算机硬件上，以此来分配硬件资源与管理虚拟机。常见的原生型Hypervisor有VMware ESXi、Microsoft Hyper-V等。

（2）宿主型（Hosted）

宿主型又称托管型，该类型的Hypervisor运行在操作系统上，以此为基础向用户提供一套虚拟管理系统。常见的宿主型Hypervisor有VMware Workstations、Oracle Virtual等。

原生型Hypervisor运行时，其本身就是一个操作系统，无须部署额外的传统操作系统。相比之下，原生型Hypervisor比宿主型更加节约资源，所以在生产环境中通常使用原生型Hypervisor，宿主型Hypervisor通常用于测试环境。

2. 全虚拟化与半虚拟化

按照虚拟化实现的技术不同，可将虚拟化分为全虚拟化与半虚拟化。

（1）全虚拟化（Full Virtualization）

全虚拟化的虚拟机中的操作系统与主机硬件是完全隔离的，且虚拟机使用的所有硬件都是通过虚拟化平台模拟出来的虚拟硬件。因此虚拟机具备了一个完整的虚拟硬件平台，包括处理器、硬盘、外设，同时可以部署大多数常见操作系统。除了具备较高的灵活性，每台虚拟机的运行环境是完全独立的，强大的隔离性保证了系统的安全性。VMware ESXi与KVM是常见的全虚拟化产品。

虚拟化软件将获取到的硬件资源模拟成为虚拟资源，这一过程中会消耗一部分资源，因此虚拟机实际获取的资源比预计的少一些。

（2）半虚拟化（Para Virtualization）

以Microsoft Hyper-V与XEN为代表的半虚拟化产品与全虚拟化产品最显著的不同是，需要修改虚拟机中的操作系统来集成虚拟化方面的代码，从而减少虚拟化软件消耗的资源。

修改后的操作系统也会参与到虚拟化软件的工作中，使半虚拟化软件消耗的资源更少，虚拟机性能更高。但半虚拟化软件兼容性较差，使用方式复杂，不适合初学者使用。

任务1.2.2　理解OpenStack支持的虚拟化技术

OpenStack在创建虚拟机时，通过API服务器控制虚拟机管理程序，选择其中一种虚拟化技术创建虚拟机。下面讲解OpenStack支持的虚拟化技术。

1. KVM

基于内核的虚拟机（Kernel-based Virtual Machine，KVM），是一个开源的系统虚拟化模块，也是当前主流的虚拟化技术之一，能够较好地兼容OpenStack。

2. Xen

Xen是由剑桥大学开发的一个开放源代码虚拟机监视器，可将多个虚拟机同时运行在同一主机上。Xen支持多种处理器的同时，还支持Linux、NetBSD、FreeBSD、Solaris、Windows和其他常用的操作系统作为客户操作系统在其管理程序上运行，因此Xen具备了较强的兼容性。OpenStack可通过XenAPI支持XenServer与XCP两种虚拟化，但在RHEL等平台上OpenStack使用的是基于Libvirt的Xen。

3. 容器

容器（Container）技术是基于虚拟化技术的，它使应用程序可以从一个计算环境快速可靠地运行到另一个计算环境，可以说是一种新型的虚拟化技术。

（1）Linux容器

Linux容器（Linux Container，LXC）是一个开源容器平台，它允许Linux系统中的容器运行程序。LXC的虚拟化是通过Linux内核的cgroups和namespaces实现的，所以它只能模拟类Linux操作系统。

（2）Docker

Docker是一个开源的容器引擎，它可以将开发者打包好的应用程序在Docker空间中运行起来。当一台物理机中运行多个Docker容器时，就算其中一个容器发生灾难，也不会影响到整个业务。Docker的技术之所以独特是因为它专注于开发人员和系统操作员的需求，以将应用程序依赖项与基础架构分开。

容器技术与虚拟化技术都将需要运行的业务进行隔离，形成一个独立的运行空间，与宿主机系统互不干扰，但又相辅相成。容器的隔离空间中运行的是应用程序，是基于程序的隔离，而虚拟化技术是基于系统的隔离，它将物理层面的资源进行隔离。

由上述可知，虚拟化管理程序具备更好的隔离性和更高的安全性。且容器必须使用与主机相同的系统内核，无法运行与主机完全不同的操作系统。目前OpenStack社区更加支持虚拟化管理程序，LXC只是计算服务的一部分。

4. Hyper-V

Hyper-V是微软公司的一款虚拟化产品，也是一种系统管理虚拟化技术，能够实现桌面虚拟化。Hyper-V采用了微内核架构，兼顾了安全与性能要求，同时还能够完美兼容Linux。

5. VMware ESXi

VMware是行业内领先的虚拟化品牌，它提供了安全可靠的虚拟化平台与虚拟化软件，其中ESXi专为运行虚拟机、最大限度降低配置要求和简化部署而设计。VMware vSphere的虚拟化管理程序体系结构在虚拟基础架构的管理中起关键作用，使ESXi在OpenStack中获得更好的支持。

任务1.2.3 安装VMware Workstation

VMware Workstation作为市面主流产品，功能齐全，能够帮助使用者更加快速地安装管理虚拟机。

1. 环境需求

（1）处理器需求

使用2011年或之后发布的处理器时，有3种系统不能安装VMware Workstation，分别是2011年Bonnell微架构的Intel Atom处理器、2012年Saltwell微架构的Intel Atom处理器以及Llano和Bobcat微架构的AMD处理器；使用2011年之前发布的处理器时，仅支持2010年Westmere微架构的Intel处理器。

如果虚拟机需要运行64位的操作系统，则主机的处理器系统必须使用具有AMD-V支持的AMD CP和具有VT-x支持的Intel CPU之一。

（2）操作系统需求

可在主机操作系统为Windows或Linux的主机上安装VMware Workstation。

（3）内存需求

主机的内存需要满足主机操作系统、主机应用、虚拟机软件、虚拟机、虚拟机应用以及虚拟机操作系统的运行，要求主机的内存最少为2 GB，但是官方建议为4 GB及以上，若运行的虚拟机操作系统为图形化界面时，则主机内存最少为3 GB。

（4）显示需求

主机的显示适配器必须为16位或是32位，需要注意的是，在某些图形硬件上运行Windows 7虚拟机时，某些3D基准可能无法正常显示。

（5）磁盘驱动需求

主机需支持IDE、SATA、SCSI和NVMe硬盘驱动器，应最少具有1.5 GB可用磁盘空间，为虚拟机分配磁盘时最少分配1 GB。CD-ROM和DVD光盘驱动器要支持IDE、SATA和SCSI光驱，CD-ROM和DVD驱动器以及ISO磁盘映像文件，虚拟机需能够连接主机中的磁盘驱动器并且能够支持软盘映像文件。

2. 虚拟机简介

（1）文件系统

虚拟机内有多个组成文件，主要包括日志文件、配置文件、虚拟磁盘文件和快照信息存储文件。下面对虚拟机内各个类型的文件进行简单介绍。

① .log文件：该类型文件是虚拟机的日志文件，包括了虚拟机软件对虚拟机的操作信息。如果虚拟机出现故障，则可以通过日志文件诊断故障。

② .vmx文件：该类型文件是虚拟机的配置文件，包括了虚拟机的所有配置信息与硬件信息。用户对虚拟机的所有操作，都会以文本的形式存储到配置文件中。

③ .vmdk文件：该类型文件是虚拟机的磁盘文件，包括了虚拟机磁盘驱动器中的信息。虚拟机可以由一个或多个虚拟磁盘文件构成。新建虚拟机时，如果将虚拟磁盘文件指定为一个单独文件，则虚拟机内只有一个.vmdk文件。

④ .vmsd和.vmsn文件：这两种类型文件是存储快照相关信息的文件，前者存储快照的信息和元数据，后者存储快照的状态信息。

（2）操作系统

在虚拟机上安装操作系统的方法与在物理机上安装系统的方法一致，但是在安装系统前需要从系统供应商那里获取CD/DVD-ROM或ISO映像。虚拟机支持多种操作系统，虚拟机与虚拟机之间处于隔离状态，这就实现了在一台主机上同时运行多个操作系统且系统之间互不干扰。

（3）硬件系统

与物理机一样，虚拟机也拥有CPU、内存和磁盘资源。一个CPU运行在一个物理核心上，如果虚拟机上运行的应用占据大量CPU，则可以配置多个CPU。虚拟机的内存资源是有限的，因为虚拟机与主机共用内存，所以给虚拟机分配内存时需要考虑为主机的运行预留足够内存。磁盘性能往往会影响虚拟机的I/O负载，要合理规划阵列磁盘数量以及运行在磁盘上的虚拟机数量。

3. 手动安装

进入VMware Workstation官方安装页面，单击"Workstation for Windows"下方的"立即下载"下载安装包，如图1.12所示。

下载完成后双击安装包进入Workstation安装界面，如图1.13所示。

单击图1.13中的"下一步"按钮，进入最终用户许可协议界面，如图1.14所示。

图 1.12 下载软件包

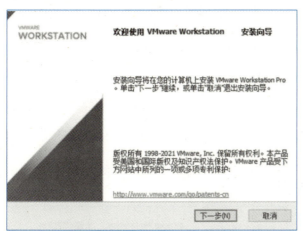

图 1.13 安装向导

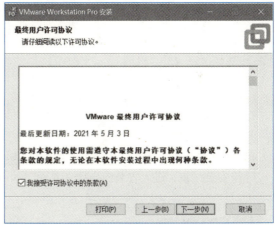

图 1.14 最终用户许可协议

勾选图1.14中的"我接受许可协议中的条款（A）"复选框，单击"下一步"按钮，进入自定义安装界面，如图1.15所示。

单击图1.15中的"更改"按钮可以更换虚拟机的安装路径，单击"下一步"按钮，进入用户体验设置界面，默认勾选"启动时检查产品更新"和"加入VMware客户体验提升计划"复选框，用户可根据个人情况取消勾选，如图1.16所示。

单击图1.16中的"下一步"按钮，进入快捷方式界面，默认勾选了"桌面"和"开始菜单程序文件夹"复选框，用户可根据个人情况取消勾选，如图1.17所示。

单击图1.17中的"下一步"按钮，进入已准备好安装VMware Workstation界面，如图1.18所示。

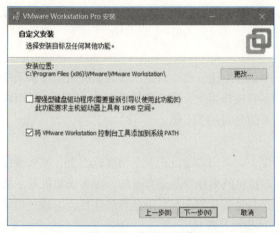

图 1.15 自定义安装

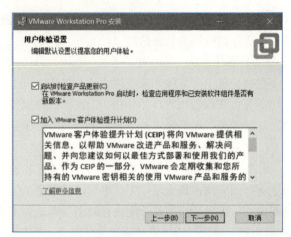

图 1.16 用户体验设置

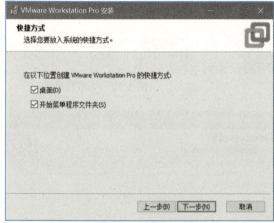

图 1.17 快捷方式

图 1.18 已准备好安装 VMware Workstation 界面

单击图1.18中的"安装"按钮,开始安装VMware Workstation,如图1.19所示。

等待安装结束,进入安装向导结束界面,如图1.20所示。

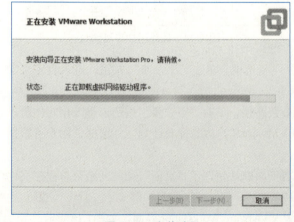

图 1.19 安装过程

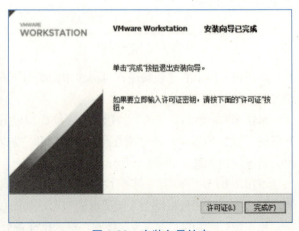

图 1.20 安装向导结束

读者可选择进入许可证界面输入许可证激活码，或单击"完成"按钮结束安装使用试用版软件，使用日期仅为30天。本书此处单击"许可证"按钮，进入许可证界面，如图1.21所示。

输入密钥，单击图1.21中的"输入"按钮进入安装向导已完成界面，如图1.22所示。

图 1.21　许可证界面　　　　　　　　图 1.22　安装向导已完成

单击图1.22中的"完成"按钮，VMware Workstation安装结束。

【技能提升】

安装VMware Workstation软件的主机不能有VMware其他软件，否则不兼容。

4. 配置 VMware Workstation

双击VMware Workstation图标，运行VMware Workstation。选择"编辑"→"首选项"命令，对VMware Workstation进行配置，如图1.23所示。

进入工作区界面，单击"浏览"按钮更改虚拟机的默认存储位置，如图1.24所示。

图 1.23　配置 VMware Workstation 首选项　　　　图 1.24　工作区

在图1.24左侧选择"热键"选项，修改虚拟机内的快捷键，用户可修改为自己方便的快捷键，如图1.25所示。

图 1.25　热键

在图1.25左侧选择"内存"选项，为虚拟机运行配置内存，如图1.26所示。

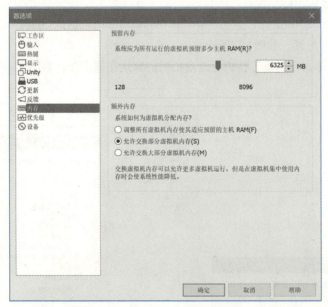

图 1.26　内存

由图1.26可知，内存设置中有两种内存类型，一种是预留内存，即VMware Workstation为所有运行的虚拟机预留的最大主机内存，主机运行也需要内存，若预留内存设置过大，则主机运行其他应用时CPU会不稳定。

另一种是额外内存，有3种选择，当物理内存较大时，可以选择第1种，这时所有虚拟机会使用上述设置的预留内存，不会将磁盘作为扩展。当物理内存稍大并且希望虚拟机运行流畅时，可以选择第2种，这时主机的内存管理器可将适度的虚拟机内存容量调换到磁盘内。当物理内存偏小时，可以选择第3种，这时主机的内存管理器会尽可能多地将虚拟机内存容量调换到磁盘内。

此处默认选择第2种，单击图1.26中的"确定"按钮结束首选项配置。

任务 1.3　认识 OpenStack

学习任务

2010年7月，Rackspace与NASA分别贡献出Rackspace云文件平台代码和NASANebula平台代码，并以Apache许可证开源发布了OpenStack。如今，OpenStack已发展成为一个广泛使用的业内领先的开源项目，提供部署私有云与公有云的操作平台和工具集，并且在许多大型企业内得到广泛应用。

读者需要完成以下主要任务。

任务1.3.1　OpenStack概述

OpenStack是由NASA（美国国家航空航天局）和Rackspace合作研发，以Apache许可证（Apache软件基金会发布的自由软件许可证）授权的开源云计算管理平台项目。OpenStack示意图如图1.27所示。

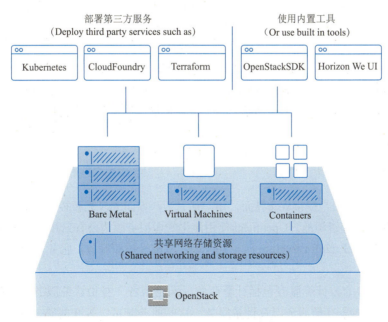

图 1.27　OpenStack 示意图

OpenStack可以看作一种云操作系统，可控制整个数据中心的大型计算、存储和网络资源池，所有这些资源都通过具有通用身份验证机制的API进行管理和配置。OpenStack还提供了仪表板，使管理员能够进行控制，同时使用户能够通过Web界面预配资源。除了标准的基础架构即服务功能外，其他组件还提供编排、故障管理和服务管理以及其他服务，以确保用户应用程序的高可用性。

严格来讲，OpenStack并非指某一特定的软件，而是一系列软件开源项目的组合。OpenStack通过自身的各个组件实现不同的功能，满足用户的不同需求。OpenStack随着版本的更新，功能越来越强大，组件的数量也越来越多，见表1.2。

表 1.2 OpenStack 版本列表

版 本	发布日期	组件数
Austin	2010 年 10 月 21 日	2
Bexar	2011 年 2 月 3 日	3
Cactus	2011 年 4 月 15 日	3
Diablo	2011 年 9 月 22 日	3
Essex	2012 年 4 月 5 日	5
Folsom	2012 年 9 月 27 日	7
Grizzly	2013 年 4 月 4 日	7
Havana	2013 年 10 月 17 日	9
Icehouse	2014 年 4 月 17 日	10
Juno	2014 年 10 月 16 日	11
Kilo	2015 年 4 月 30 日	12
Liberty	2015 年 10 月 15 日	17
Mitaka	2016 年 4 月 7 日	18
Newton	2016 年 10 月 6 日	32
Ocata	2017 年 2 月 22 日	32
Pike	2017 年 8 月 30 日	32
Queens	2018 年 2 月 28 日	39
Rocky	2018 年 8 月 30 日	43

OpenStack的第一个正式版本于2010年10月发布，其版本为Austin，后续版本都以26个英文字母为首字母，按照从A到Z的顺序命名。原本RackSpace公司计划每隔几个月发布一次新版本，但从2011年9月第四个版本Diablo发布后，改为每年春秋两季发布，也就是每半年发布一次新版本。

任务1.3.2 OpenStack架构与组件

OpenStack为已授权的用户提供Web界面，用户通过Web界面的仪表板控制和管理整个数据中心内的大量计算、存储和网络等资源池。OpenStack使用池化的虚拟资源为公有云和私有云提供云计算服务，主要任务是为用户提供IaaS（Infrastructure as a Service，基础设施即服务）服务。OpenStack核心架构如图1.28所示。

OpenStack项目提供的云计算服务包括计算服务、网络服务、身份认证服务、控制面板服务、镜像服务、块存储服务、对象存储服务以及计量服务，这些服务既可以拆开部署，也可以部署在同一台服务器上，并且每个服务都提供了应用接口程序（API），便于第三方继承调用资源。OpenStack服务见表1.3。

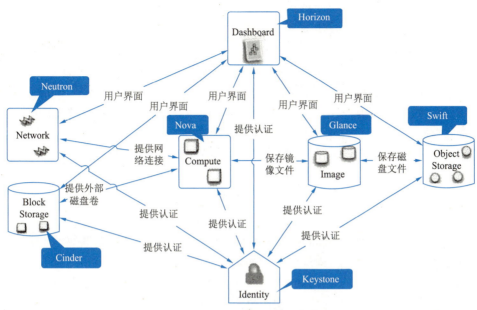

图 1.28 OpenStack 核心架构

表 1.3 OpenStack 服务组件

服务	项目名称	描述
Compute（计算服务）	Nova	默认情况下使用基于内核的 VM 管理程序，将实例连接到虚拟网络并通过安全组为实例提供防火墙服务
Network（网络服务）	Neutron	负责管理虚拟网络
Identity（身份认证服务）	Keystone	对用户或服务进行认证与授权
Image Service（镜像服务）	Glance	提供虚拟机镜像的注册与管理
Block Storage（块存储服务）	Cinder	提供块存储设备
Object Storage（对象存储服务）	Swift	提供基于云的弹性存储
Dashboard（控制面板服务）	Horizon	提供 Web 管理界面
Telemetry（计量服务）	Ceilometer	为计费和监控以及其他服务提供数据支撑
Orchestration（部署排版）	Heat	提供了一种通过模板定义的协同部署方式，实现云基础设施软件运行环境（计算、存储和网络资源）的自动化部署
Database Services（数据库服务）	Trove	提供可扩展和可靠的关系和非关系数据库引擎服务

由表 1.3 可知，OpenStack 所提供的每个服务都有一个完整的项目支撑，其中计算、网络、身份、镜像、块存储和对象存储 6 个服务为稳定可靠的核心服务。

下面详细讲解 OpenStack 的 6 个核心服务。

计算（Compute）服务是 IaaS 系统的主要部分，主要用于托管和管理云计算系统。计算服务与身份服务交互进行身份验证，与镜像服务交互进行磁盘镜像请求，与仪表板（Dashboard）交互提供用户与管理员接口，该计算服务的项目名称为 Nova。

网络服务是一种网络虚拟化技术，为 OpenStack 的其他服务提供了网络连接服务。网络服务需要创建和管理网络、交换机、子网和路由器等虚拟网络基础架构，使用户通过一个 API 在云中建立和定义网络连接，该网络服务的项目名称为 Neutron。

身份（Identity）服务通常是用户与平台交互的第一个服务，用户经过身份验证后，可以使用他们的身份访问OpenStack的其他服务。身份服务仅安装在控制节点。

镜像（Glance）服务是基础设施即服务（IaaS）的核心，使用户能够发现、注册和检索虚拟机镜像，用户可以将镜像服务提供的镜像存储在虚拟机的各种对象存储系统中。

块存储（Cinder）是在虚拟机和具体存储设备之间引入的一层"逻辑存储卷"的抽象，Cinder本身并不是一种存储技术，只是提供一个中间的抽象层，Cinder通过调用不同存储后端类型的驱动接口来管理相对应的后端存储，为用户提供统一的卷相关操作的存储接口。

对象存储（Swift）服务无须采用RAID（磁盘冗余阵列），也没有中心单元或主控结点。Swift通过在软件层面引入一致性哈希技术和数据冗余性，牺牲一定程度的数据一致性来达到高可用性（High Availability，HA）和可伸缩性，支持多租户模式、容器和对象读写操作，适合解决互联网的应用场景下非结构化数据存储问题。

OpenStack目前由OpenStack Community社区开发与维护，并且允许世界上其他云计算开发者与技术人员共同开发与维护。相较于其他开源云平台，OpenStack具备以下优势。

① 模块与低耦合。OpenStack的大多数功能都是由模块实现的，开发者可通过添加新模块实现新功能。
② 组件灵活配置。OpenStack的组件可以灵活配置，可单机部署，也可以分布式部署在不同主机上。
③ 二次开发容易。OpenStack的所有组件都采用统一的RESTful API，加上其低耦合的设定，使二次开发更加容易。

OpenStack的实现离不开虚拟化技术的支持，而虚拟化技术也依附OpenStack在IT行业发挥了更大的作用。容器利用其高效、快速启动、占用资源少等优势逐渐取代虚拟化技术在互联网企业中的地位，即使如此，在某些场景下容器仍无法替代OpenStack。随着市场需求的不断变化，OpenStack逐渐走上了容器化的道路，与容器技术相辅相成。无论是虚拟机、OpenStack还是容器，在生产环境中都需要通过集群化发挥其最大的作用。

知识拓展

常见的云平台技术

从技术应用划分，云计算平台可分为以数据存储为主的存储型云平台，以数据处理为主的计算型云平台以及兼顾数据存储与计算的综合型云平台。

按照是否收费划分，云计算平台可分为开源云计算平台与商业化云计算平台。

1. AbiCloud

AbiCloud是由Abiquo公司创建的一款开源的云计算平台，用户可通过该平台对大型、复杂IT基础设施以快速、简单与可扩展的方式精选创建与管理。另外，企业还可以通过AbiCloud创建自己的私有云。AbiCloud利用自身强大的Web界面在云计算领域占据了一席之地。

2. Hadoop

Hadoop是一个开源的分布式计算和存储框架，由Apache基金会开发和维护。

Hadoop使用Java开发，可以在多种不同硬件平台的计算机上部署和使用。其核心部件包括分布式文件系统（Hadoop DFS，HDFS）与Map Reduce。

3. Eucalyptus

Eucalyptus是一种开源的软件基础结构，是用来通过计算集群或工作站群实现弹性的、实用的云计算。Eucalyptus最初是美国加利福尼亚大学Santa Barbara计算机科学学院的一个研究项目，现在已经商业化，发展成为Eucalyptus Systems Inc。不过，Eucalyptus仍然按开源项目那样维护和开发。

项目小结

本项目主要讲解了云计算的相关概念、Linux虚拟化技术的工作原理以及OpenStack基本概念与核心架构。通过本次学习，希望读者能够了解云计算的相关概念、熟悉Linux虚拟化的工作原理、熟悉OpenStack的基本概念与核心架构，为后续的深入学习打下基础。

项目考核

一、选择题

1. 下列选项中，不属于云计算特征的是（　　）。（2分）
   A. 资源池　　　B. 快速弹性　　　C. 伸缩性　　　D. 不需要物理设备
2. 下列选项中，不属于物理主机的是（　　）。（2分）
   A. 主机　　　B. 物理机　　　C. 宿主机　　　D. 客户机
3. 下列选项中，不属于虚拟化技术的是（　　）。（2分）
   A. Xen　　　B. Hadoop　　　C. KVM　　　D. 容器
4. 下列选项中，不属于OpenStack组件的是（　　）。（2分）
   A. Compute　　　B. Identity　　　C. HBase　　　D. Glance
5. 下列选项中，属于存储服务的是（　　）。（2分）
   A. Cinder　　　B. Identity　　　C. Neutron　　　D. Glance

二、操作题

1. 准确描述出OpenStack的7个核心组件的名称与作用。（3.5分）
2. 从官网下载VMware Workstation安装包，将其安装在Windows上。（3.5分）
3. 将虚拟机的默认内存配置为8 GB。（3分）

项目 2 单机一体化部署 OpenStack

项目描述

OpenStack 是一组工具的集合，在使用它之前需要部署多个组件，整个过程是比较烦琐的。对于初学者而言，进一步提升了学习难度。但初学者可以通过一些自动化部署工具快速部署 OpenStack 环境，从而轻松获取到 OpenStack 环境。在本项目中，读者需要掌握单机部署 OpenStack 的方式，及其相关知识点。

学习目标

◎ 掌握 OpenStack 单机部署方式
◎ 掌握 OpenStack Dashboard 操作
◎ 掌握虚拟机创建方式
◎ 掌握虚拟网络的配置方式

典型任务

◎ OpenStack 环境部署
◎ Packstack 工具部署

项目分析

OpenStack 的部署过程是比较烦琐的，对于初学者而言，这是学习 OpenStack 的一大难点。往往一些初学者还没有部署完成 OpenStack，就已经放弃了学习。针对这一问题，一些组织开发出了一系列能够实现快速部署 OpenStack 的工具，用户只需要部署简单的初始环境即可。这些工具的出现，大大降低了 OpenStack 的学习成本，使人们更加愿意主动去接触 OpenStack。

OpenStack 部署完成后，用户可在浏览器中通过默认的管理员用户名与密码登录 OpenStack 云平台界面。用户可通过管理员账号进行修改密码、配置用户等操作，以保证云平台的安全性。

项目描述

本项目的主要目的是在单节点上通过工具自动化部署 OpenStack，但用户需要部署基础环境。
OpenStack 通常是基于 Linux 系统部署的，对于初学者而言，Linux 物理机的获取成本是比较高的，因此可通过创建虚拟机,并在虚拟机中安装Linux系统实现获取Linux主机。本项目选用Linux发行版之一的CentOS,版本为7.6。CentOS镜像可以在官网或国内镜像站获取,然后将获取后的镜像配置到虚拟机中即可。需要注意的是,在创建虚拟机时需要保证虚拟配置的规格符合项目需求,否则可能部署失败。登录虚拟机后,读者需要通过Yum源安装一些必要的软件包,之后才可以安装部署工具进行自动化部署。在生产环境中,云平台部署完成后需要及时将默认密码修改为符合密码策略的密码。

本项目的技能描述见表2.1。

表 2.1 项目技能描述

项目名称	任 务	技能要求
单机一体化部署 OpenStack	使用 Packstack 单机部署 OpenStack	具备 Linux 基础技能
	管理 OpenStack Dashboard 界面	具备计算机常识

任务 2.1 使用 Packstack 单机部署 OpenStack

学习任务

Red Hat推出了RDO项目,该项目提供了Packstack工具,能够快速部署OpenStack云平台,提供一个用户学习与测试OpenStack的环境。

读者需要完成以下任务。

任务2.1.1 系统安装

Linux操作系统的各类社区版中,Ubuntu与CentOS是其中较为优秀的版本,并且在企业应用中也得到广泛的使用。CentOS是以RHEL系统为基础开发出来的,更加接近于RHEL,并且在国内拥有更多的用户。本任务选择使用CentOS 7作为操作系统,系统镜像可在官网获取。

1. 创建虚拟机

单击VMware界面中的"创建新的虚拟机"按钮,打开"新建虚拟机向导"界面,如图2.1所示。

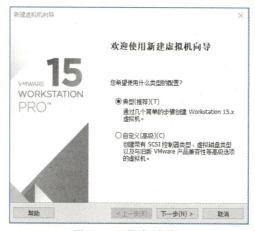

图 2.1 配置类型选择

在图2.1中，如果选择"自定义"单选按钮，将需要用户自定义虚拟机的各项配置，而多数配置可以在虚拟机创建完成之后进行修改。此处选择"典型"单选按钮，并单击"下一步"按钮，如图2.2所示。

在图2.2中，单击"安装程序光盘映像文件"下的"浏览"按钮，选择之前下载完成的CentOS镜像。选择完成之后，单击"下一步"按钮，如图2.3所示。

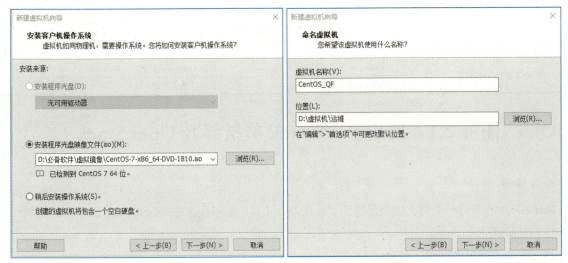

图 2.2　操作系统选择　　　　　　　图 2.3　命名虚拟机

在图2.3中，可以自定义虚拟机的名称与虚拟机的储存位置。自定义完成后，单击"下一步"按钮，如图2.4所示。

在图2.4中，可以自定义磁盘容量与磁盘使用方式。磁盘配置完成之后，单击"下一步"按钮，如图2.5所示。

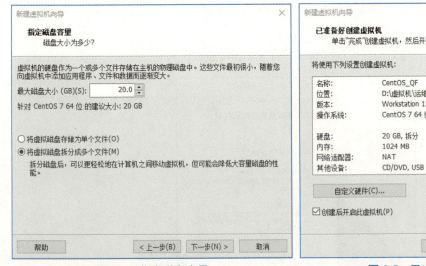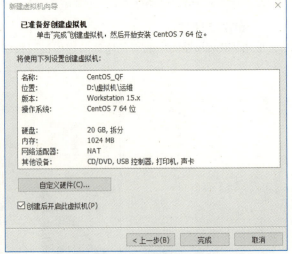

图 2.4　指定磁盘容量　　　　　　　图 2.5　已准备好创建虚拟机

图2.5中显示的是已经准备好创建虚拟机的信息，供用户进行核对。如果该虚拟机满足用户的需求，

单击"完成"按钮即可开始安装虚拟机。

2. 安装系统

如果在图2.5中选中"创建后开启此虚拟机"复选框,则在单击"完成"按钮之后开启虚拟机并安装系统,如果未勾选该复选框,则需要手动开启虚拟机。虚拟机开机界面如图2.6所示。

在图2.6中,如果不进行操作,则在1 min后开始系统安装,按【Enter】键即可立即开始系统安装。

系统安装完成之后,进入欢迎界面,如图2.7所示。

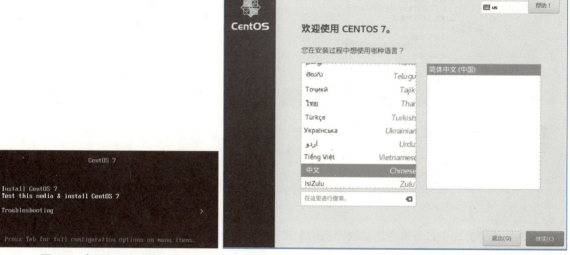

图 2.6　虚拟机开机界面　　　　　　　图 2.7　欢迎界面

在欢迎界面中,用户可以选择系统语言,此处选择的是中文。单击"继续"按钮进入安装信息摘要界面,如图2.8所示。

图 2.8　安装信息摘要界面

在安装信息摘要界面中单击"日期和时间"按钮，配置用户所在时区。单击"软件选择"按钮，如图2.9所示。

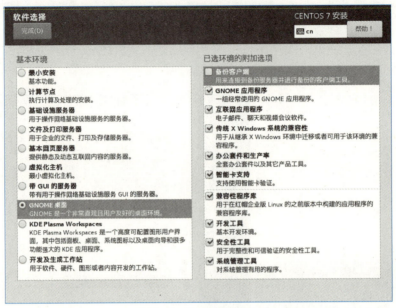

图 2.9　软件选择界面

在软件选择界面中，如果考虑到物理机的配置问题，基本环境可以选择"最小安装"单选按钮。此处选择"GNOME桌面"单选按钮进行图形化安装，再选择"已选环境的附加选项"区域中的选项，单击"完成"按钮退出，并将安装信息摘要界面向下拖动至图2.10所示位置。

图 2.10　安装信息摘要界面

在图2.10中，单击"安装位置"按钮，如图2.11所示。

图 2.11　安装目标位置界面

在图2.11中，可以完成虚拟机存储配置，单击"完成"按钮退出。在安装信息摘要界面中，单击"网络和主机名"按钮，如图2.12所示。

图 2.12　网络和主机名界面

在图2.12中，可以开启虚拟网络与配置主机名，配置完成后单击"完成"按钮，退出至安装信息摘要界面，单击"开始安装"按钮即可安装刚刚配置完成的虚拟机组件，如图2.13所示。

图 2.13　配置界面

在图 2.13 中，单击"ROOT密码"按钮即可配置虚拟机root用户（超级管理员）的密码，单击"创建用户"按钮即可创建普通用户，也可以在安装完成之后再创建用户。为保证实验的可行性，此处不再创建普通用户，直接使用root用户登录虚拟机。

root用户密码配置完成，并且虚拟机组件安装完成之后，如图2.14所示。

图 2.14　配置完成界面

在图2.14中，单击"重启"按钮即可重新启动虚拟机，使刚刚安装的组件生效。重新启动之后，进入初始设置界面，如图2.15所示。

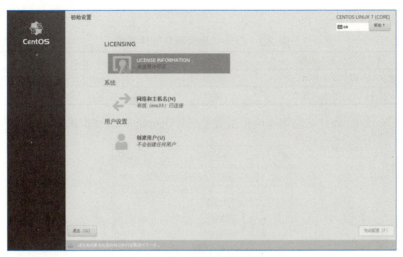

图 2.15 初始设置界面

在图 2.15 中,单击"LICENSING"选项,选择同意即可完成。在登录时,使用 root 用户与密码即可登录并进入 Linux 图形桌面,如图 2.16 所示。

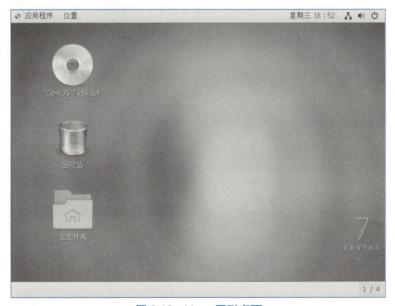

图 2.16 Linux 图形桌面

此时,CentOS 发行版的 Linux 操作系统已经安装完成。

任务 2.1.2 环境部署

1. 硬件配置

OpenStack 需要部署多个组件,在整个部署与运行过程中需要占用不少资源,因此 OpenStack 对硬件配置有一定的要求，见表2.2。

表2.2　OpenStack 单机硬件要求

硬　件	要　求	硬　件	要　求
内存	建议16 GB，最少8 GB	硬盘	不少于200 GB
CPU	双核或以上，且支持虚拟化	网卡	桥接模式

打开VMware Workstation，在左侧库中单击需要部署OpenStack的虚拟机，如图2.17所示。

图2.17　选择虚拟机

单击虚拟机后，界面右侧会通过一个标签页展示该虚拟机的相关信息，如图2.18所示。

图2.18　虚拟机相关信息

在虚拟机相关信息中，在"设备"区域单击"内存"选项，进入内存配置页面，如图2.19所示。

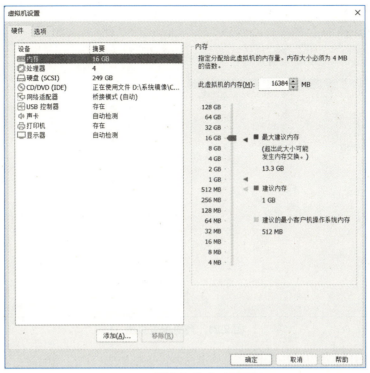

图 2.19 虚拟机内存配置页面

在虚拟机硬件配置页面将内存调整至 16 GB。单击左侧设备栏中的"处理器"选项，进入处理器配置页面，如图 2.20 所示。

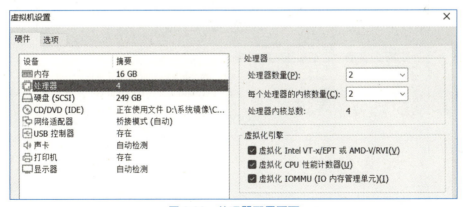

图 2.20 处理器配置页面

将虚拟机处理器数量配置为 2 个或以上，并勾选"虚拟化引擎"区域的复选框。单击左侧设备栏中的"硬盘（SCSI）"选项，进入硬盘配置页面，如图 2.21 所示。

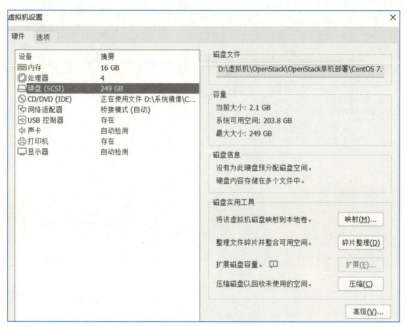

图 2.21　硬盘配置页面

将虚拟机硬盘大小设置为200 GB以上。单击左侧设备栏中的"网络适配器"选项，进入网络适配器配置页面，如图2.22所示。

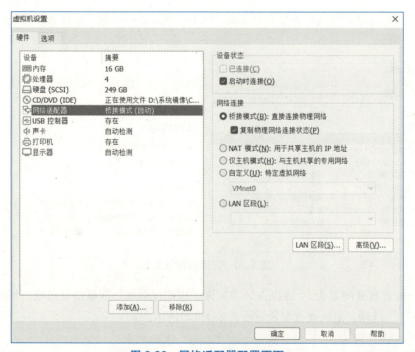

图 2.22　网络适配器配置页面

将虚拟机的网络连接设置为"桥接模式"。虚拟机配置修改完成后，单击界面下方的"确定"按钮，保存配置并退出。

2. 系统环境

开启虚拟机，并通过用户名与密码登录。

Yum是红帽系Linux系统的包管理工具，它将软件包的下载地址记录到本地，称为Yum源。系统默认的Yum大多在国外，所以在安装软件包时需要较长时间，于是一些国内企业与组织将软件包备份到国内，使用户可通过国内地址下载，大大加快了工作效率。使用国内Yun源的前提是，将系统内的Yum源修改为国内Yum源，具体修改方式可参考国内Yun源官网，如阿里镜像站、华为镜像站、清华大学镜像站等。

备份系统默认Yum源，具体示例如下：

```
mv /etc/yum.repos.d/CentOS-Base.repo /etc/yum.repos.d/CentOS-Base.repo.backup
```

下载国内Yum源，具体示例如下：

```
curl -o /etc/yum.repos.d/CentOS-Base.repo https://mirrors.aliyun.com/repo/Centos-7.repo
```

更新Yum源缓存，具体示例如下：

```
yum makecache
```

NetworkManager是CentOS 7默认的网络管理器，但对于OpenStack的Neutron组件是冲突的，需要停用该服务，改用Network服务管理系统网络。

停用NetworkManager，具体示例如下：

```
systemctl stop NetworkManager
```

禁止NetworkManager开机自启，具体示例如下：

```
systemctl disable NetworkManager
```

开启Network网络服务，具体示例如下：

```
systemctl start network
```

开启Network网络服务的开机自启，具体示例如下：

```
systemctl enable network
```

为了测试方便，本任务关闭外部与内部防火墙。关闭外部防火墙，具体示例如下：

```
systemctl stop firewalld
```

关闭外部防火墙的开机自启，具体示例如下：

```
systemctl disable firewalld
```

关闭内部防火墙，具体示例如下：

```
setenforce 0
```

编辑/etc/selinux/config文件，将SELinux的值设置为disabled，修改结果如下：

```
root@verus:[/root] cat /etc/selinux/config

# This file controls the state of SELinux on the system.
# SELINUX= can take one of these three values:
#     enforcing - SELinux security policy is enforced.
#     permissive - SELinux prints warnings instead of enforcing.
```

```
#       disabled - No SELinux policy is loaded.
SELINUX=disabled
```

配置文件修改后，需要重启主机使其生效，具体示例如下：

```
reboot
```

Linux系统默认使用DHCP协议分配的IP地址，其IP地址是动态的，当IP地址发生变化，会导致配置失效，所以在生产环境中通常需要配置静态IP地址，使其IP地址不可变。编辑网卡配置文件配置静态IP地址，具体示例如下：

```
vim /etc/sysconfig/network-scripts/ifcfg-eth0

TYPE=Ethernet
#使用静态IP地址
BOOTPROTO=static
DEFROUTE=yes
PEERDNS=yes
PEERROUTES=yes
IPV4_FAILURE_FATAL=no
IPV6INIT=yes
IPV6_AUTOCONF=yes
IPV6_DEFROUTE=yes
IPV6_PEERDNS=yes
IPV6_PEERROUTES=yes
IPV6_FAILURE_FATAL=no
NAME=eno16777736
UUID=c84d0100-79f6-427b-8ced-0348b5df4ed7
DEVICE=eno16777736
ONBOOT=yes
#自定义静态IP地址
IPADDR=192.168.199.21
#子网掩码
NETMASK=255.255.255.0
#网关地址
GATEWAY=192.168.199.1
#域名解析IP地址
DNS1=114.114.114.114
```

重启网络，使其生效，具体示例如下：

```
systemctl restart network
```

在生产环境中，主机名通常起到备注的作用，初始主机名是无法使用的，需要进行修改。修改后的主机名需要解析IP地址，方便内网通信。永久修改主机名，具体示例如下：

```
hostnamectl set-hostname Verus
```

配置IP解析，具体示例如下：

```
vim /etc/hosts
...
192.168.199.21 Verus
```

如果安装了非英文版的系统，需要在etc/environment文件中添加以下定义：

```
LANG=en_US.utf-8
LC_ALL=en_US.utf-8
```

在OpenStack中所有节点的时间必须是同步的。用户可以安装ntp服务同步时间，先查看当前系统中是否安装了ntp服务，具体示例如下：

```
rpm -qa | grep ntp
```

如果当前系统中只有ntpdate，没有ntp，则需要删除原有的ntpdate，具体示例如下：

```
yum -y remove ntpdate-4.2.6p5-22.el7.x86_64
```

重新安装ntp，具体示例如下：

```
yum -y install ntp
```

与时间服务器进行时间同步，具体示例如下：

```
ntpdate 114.118.7.161
```

修改ntp配置，具体示例如下：

```
vi /etc/ntp.conf

driftfile /var/lib/ntp/drift
#注释默认拒绝所有操作
#restrict default nomodify notrap nopeer noquery
#允许本机的所有操作
restrict 127.0.0.1
restrict ::1
#允许192.168.2.0网段的机器同步时间
restrict 192.168.2.0 mask 255.255.255.0 nomodify notrap
#允许任何人同步
#restrict default nomodify notrap
#同步的上层时间服务器地址
server 114.118.7.161
server 202.112.10.36
#允许上层时间服务器主动修改本机时间
restrict 114.118.7.161 nomodify notrap noquery
restrict 202.112.10.36 nomodify notrap noquery
includefile /etc/ntp/crypto/pw
keys /etc/ntp/keys
#以本机作为时间服务器，上层不可用时，以本地时间为准，层数设置为8
server 127.127.1.0 prefer
```

```
fudge 127.127.1.0 stratum 8
disable monitor
```

将同步的时间写入硬件时钟，具体示例如下：

```
vi /etc/sysconfig/ntpd
...
SYNC_HWCLOCK=yes
```

设置ntp服务的开机自启，具体示例如下：

```
[root@ntp_server ~]# systemctl enable ntpd
[root@ntp_server ~]# systemctl start ntpd
```

开放端口，如果防火墙已关闭，则不需要，如果是云服务器，需要在云控制台操作，具体示例如下：

```
[root@ntp_server ~]# firewall-cmd --zone=public --add-port=123/udp --permanent
[root@ntp_server ~]# systemctl restart firewalld
[root@ntp_server ~]# firewall-cmd --list-ports
123/udp
```

为了防止某些因素导致的时间不同步的问题，用户可以设置计划任务，每隔一段时间同步一次时间，具体示例如下：

```
[root@client ~]# crontab -e
*/1 * * * * ntpdate 192.168.2.130
```

任务2.1.3　软件库环境部署

在安装软件库之前需要升级软件包与系统内核，具体示例如下：

```
yum update -y
```

安装能够支持OpenStack库的CentOS Extras软件库，具体示例如下：

```
yum install -y centos-release-openstack-queens
```

安装yum-utils包，具体示例如下：

```
yum install -y yum-utils
```

启用OpenStack资源库，具体示例如下：

```
yum-config-manager --enable centos-openstack-queens
```

另外，用户可以通过yum repolist命令查询所有库，例如已启用的库与已禁用的库，具体命令如下：

```
yum repolist enabled           #查询已启用的资源库
yum repolist disabled          #查询已禁用的资源库
yum repolist all               #查询所有资源库
```

从Pike开始，安装openstack-nova-compute组件需要的qemu-kvm版本不能低于2.9.0，但CentOS 7拥有的软件库无法提供新版本的qemu-kvm。因此，需要RDO提供相应的软件库进行支持。下载源定义文件之前需要将目录切换到源定义目录，具体示例如下：

```
cd /etc/yum.repos.d/
```

用户需要提前在RDO官方网站获取针对CentOS 7的源定义文件delorean-deps.repo与delorean.repo的链接，再通过curl命令获取，具体示例如下：

```
curl -O https://trunk.rdoproject.org/centos7/delorean-deps.repo
curl -O https://trunk.rdoproject.org/centos7/current-passed-ci/delorean.repo
```

再次升级软件包与系统内核，具体示例如下：

```
yum update -y
```

任务2.1.4 自动化部署OpenStack

Packstack是RDO的OpenStack安装工具，能够实现自动化安装与设置OpenStack。Packstack基于Puppet工具，主要使用Puppet工具部署OpenStack的各个组件。Puppet是一款集中配置管理工具，通过配置Puppet描述语言，达到自动完成任务的目的。

安装openstack-packstack及其依赖包，具体示例如下：

```
yum install -y openstack-packstack
```

Packstack工具的命令格式如下：

```
packstack [选项] [--help]
```

Packstack的常用选项见表2.3。

表 2.3　Packstack 的常用选项

选项	说明
--gen-answer-file=GEN_ANSWER_FILE	产生应答文件模板
--answer-file=ANSWER_FILE	依据应答文件的配置信息以非交互模式运行该工具
--install-hosts=INSTALL_HOSTS	在一组主机上一次性安装，主机列表间以逗号分隔。第一台主机作为控制节点，其他主机作为计算节点。如果仅提供一台主机，将集中在单节点上以"All-in-One"方式安装
--allinone	所有功能都集中安装在单一主机上

在生产环境中通常根据应答文件提供的配置选项进行部署，本次项目使用单节点部署，具体示例如下：

```
packstack --allinone
```

整个部署过程用时较长，在这一阶段也比较容易出现报错，笔者遇到了如下两个比较常见的报错。

① 在"Pre installing Puppet and discovering hosts' details"这一步报错。出现这一报错后，首先查看SSH与hostname的配置是否正确。如果SSH与hostname都没有问题，那么大概率是因为Leatherman的版本太高。查看Leatherman的版本，具体示例如下：

```
yum list | grep leatherman
```

将Leatherman的版本退回，具体示例如下：

```
yum downgrade leatherman
```

② 因为网络原因导致的报错。出现这一报错后，可以继续安装，且只安装未安装的部分。查看当前目录下的Packstack文件，具体示例如下：

```
ls
```

执行结果如下：

```
packstack-answers-20211124-114133.txt
```

开始安装未安装的部分，具体示例如下：

```
packstack --answer-file=/root/packstack-answers-20211124-114133.txt
```

任务2.2　管理 OpenStack Dashboard

学习任务

在Dashboard中，管理员和用户可以执行各种操作，例如，创建虚拟机、卷和镜像，管理网络和路由器，配置安全组和密钥对，等等。Dashboard还提供了监控功能，如查看虚拟机的使用情况和资源利用率等。

相对于命令行界面，Dashboard的优势在于直观易用、功能全面、操作方便等。此外，Dashboard还支持多语言，能够适应不同用户的需求。

读者需要重点完成以下任务。

任务2.2.1　OpenStack Dashboard界面的常用功能

OpenStack部署完成后，可通过浏览器访问http://IP/dashboard，如图2.23所示。

图 2.23　OpenStack 登录界面

OpenStack界面需要用户进行登录，用户可在./keystonerc_admin文件中查看管理员账号密码，或者在./keystonerc_demo文件中查看普通用户的账号与密码，具体示例如下：

```
#查看管理员的账号密码
```

```
[root@qf ~]# cat ./keystonerc_admin
unset OS_SERVICE_TOKEN
#管理员账号
export OS_USERNAME=admin
#管理员密码
export OS_PASSWORD='e4cc1c92c85f4bdc'
export OS_REGION_NAME=RegionOne
export OS_AUTH_URL=http://192.168.2.199:5000/v3
export PS1='[\u@\h \W(keystone_admin)]\$ '

export OS_PROJECT_NAME=admin
export OS_USER_DOMAIN_NAME=Default
export OS_PROJECT_DOMAIN_NAME=Default
export OS_IDENTITY_API_VERSION=3
#查看普通用户的账号密码
[root@qf ~]# cat ./keystonerc_demo
unset OS_SERVICE_TOKEN
#普通用户账号
export OS_USERNAME=demo
#普通用户密码
export OS_PASSWORD='f968b5855f38476b'
export PS1='[\u@\h \W(keystone_demo)]\$ '
export OS_AUTH_URL=http://192.168.2.199:5000/v3

export OS_PROJECT_NAME=demo
export OS_USER_DOMAIN_NAME=Default
export OS_PROJECT_DOMAIN_NAME=Default
export OS_IDENTITY_API_VERSION=3
```

此处以管理员身份登录OpenStack界面，如图2.24所示。

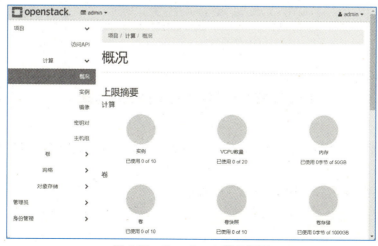

图2.24 OpenStack 概况界面

由图2.24可知，登录OpenStack界面后默认进入计算服务的概况界面，该界面以饼图的形式向用户展示当前的计算资源概况。OpenStack界面左侧为导航菜单栏，其中"管理员"项只有以管理员身份登录时才会展示。右侧是详细网格，用于展示与设置具体内容。

单击右上角的admin下拉按钮，会弹出一个菜单，选择"设置"命令，可设置常规参数。选项"设置"命令后进入设置界面，如图2.25所示。

图 2.25 OpenStack 设置界面

由图2.25可知，设置界面包含两个标签页，分别是用户设置页与更改密码页。用户设置页中包含语言、时区、每页条目数与每个实例的日志行数4个设置项，单击"时区"下拉按钮，将时区设置为中国（上海）时间，如图2.26所示。

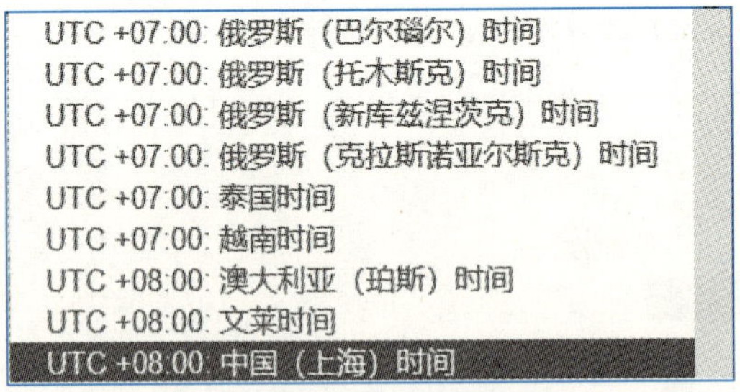

图 2.26 时区选择列表

时间修改完成后，单击界面右下角的"保存"按钮。如需修改初始密码，可在更改密码页进行修改，如图2.27所示。

密码设置完成后，单击右下角的"更改"按钮即可。

图 2.27　更改密码页

任务2.2.2　认识身份管理界面

单击左侧"身份管理"选项，选择"项目"选项，进入身份管理项目界面，如图2.28所示。

图 2.28　身份管理项目界面

身份管理项目界面中展示的是身份管理的项目，每一个项目代表一个租户，租户可以是一个项目、组织或用户群。Packstack单节点部署的OpenStack默认拥有3个租户，分别是admin、service与demo。每个租户对OpenStack发出的任何请求都必须提供自身信息。管理员能够管理整个OpenStack系统的租户信息，而普通用户只能管理自己的租户信息。

单击"用户"选项，进入用户界面，如图2.29所示。

OpenStack通过用户界面展示云平台的用户信息，包括用户名、密码、用户ID等信息。管理员可以修改所有用户的密码，而普通用户没有修改密码的权限。如果普通用户需要修改密码，那么需要修改Keystone的规则文件，具体示例如下：

```
vi /etc/keystone/policy.json
```

在规则文件中添加如下内容：

```
"identity:update_user": [["rule:admin_or_owner"]]
```

图 2.29 用户界面

如果规则文件中包括如下内容：

```
identity:update_user
```

那么只需要修改该条内容即可。

规则文件配置完成后，普通用户就拥有了修改自身密码的权限。单击任意普通用户"动作"列中的下拉按钮，即可选择更改密码、禁用用户或删除用户，如图2.30所示。

只有普通用户是可以被禁用与删除的，管理员是无法被禁用或删除的。选择"更改密码"选项，会弹出更改密码窗口，如图2.31所示。

图 2.30 "动作"列下拉列表

图 2.31 更改密码窗口

用户可在更改密码窗口中进行密码修改，密码配置完成后单击右下角的"保存"按钮即可。密码更改完成后，该用户需要通过新密码重新登录。

知识拓展

一、常见的 Linux 发行版

Linux的发行版主要分为两大类：商业版与社区版。其中，商业版Linux是由商业公司维护的Linux版本，如RHEL、SuSE等。社区版Linux是由社区维护的Linux版本，如Ubuntu、CentOS等。

1. 商业版

目前Linux商业版主要有两种：RHEL与SuSE。

（1）RHEL

RHEL（RedHat Enterprise Linux，红帽企业Linux）是由红帽（Red Hat）公司维护的Linux操作系统。虽然RHEL是商业版本，但RHEL版本的Linux仍是开源且免费的，红帽公司只针对自身提供的服务收费。

（2）SuSE

SuSE是指SuSE Linux，是由德国SuSE Linux AG公司发行维护的Linux发行版，于2004年这家公司被Novell公司收购。

2. 社区版

社区版Linux是由热衷于Linux的志愿者进行维护的，并且为用户免费提供Linux操作系统。因此Linux操作系统的社区版本较多，下面介绍几种使用广泛的Linux系统社区版本。

（1）Fedora

Fedora（原Fedora Core）是由RHEL发展出来的免费开源的Linux系统。Fedora是由Fedora Project社区开发、红帽公司赞助的，是一款红帽公司支持的Linux系统发行版。Fedora大约每六个月发布一次新版本。2019年4月30日，Fedora Project社区宣布Fedora 30正式发布。

（2）Debian

Debian是Linux操作系统的发行版之一，也是一个致力于创建自由操作系统的合作组织（维护Debian Linux）的名称。Debian系统以稳定性著称，为保证Debian的稳定性，开发者将经过多次测试之后才会给系统添加新技术。Debian的安装方式完全是基于文本的，虽然有利于Debian本身，但对于初学者来说整个安装过程比较烦琐。

（3）CentOS

CentOS（Community Enterprise Operating System，社区企业操作系统）是Linux发行版之一，是以RHEL系统为基础被开发出来的Linux开源系统。CentOS具有很高的稳定性，甚至有些企业用它代替企业版RHEL使用，RHEL是部分开源，而CentOS是完全开源。

（4）Ubuntu

Ubuntu（乌班图或吾帮托）是一个以桌面应用为主，基于Debian发行版和Gnome桌面环境的Linux操作系统。Ubuntu具备强大的社区力量，平均每6个月发布一次新版本。作为后起之秀，Ubuntu在短短几年之内成为深受初学者喜爱的Linux发行版之一。

（5）Gentoo

Gentoo是目前最"年轻"的一款Linux操作系统发行版，几乎具备其他发行版的所有优势。它几乎能为任何应用程序或需求自动地做出优化和定制。Gentoo为用户提供了大量的源代码，它几乎所有部分都可以在用户系统中根据用户需求进行编译或创建，其中包括编译器与系统库。虽然整个安装系统较为烦琐，但安装完成之后几乎是所有Linux系统发行版中最方便的。

二、CentOS 发展史

CentOS诞生于2002年，属于RHEL的一个免费分支。2014年，红帽公司宣布正式赞助CentOS项目，并于此后投入了大量的精力。CentOS有固定的发布计划，以及固定、可靠的维护期限。CentOS与

Fedora、RHEL同为红帽系Linux系统。在系统版本更新时，新版本首先在Fedora上运行，一段时间后，Fedora上的新版本趋于稳定，才会更新到RHEL系统中。RHEL的新版本运行稳定后，更新的内容才会被CentOS引用。简而言之，CentOS几乎是免费版的RHEL系统。

2019年9月24日，CentOS 8第一个发行版发布。2021年12月31日，CentOS 8社区停止对CentOS 8版本的维护，并且将于2024年6月30日停止对CentOS 7的维护，CentOS团队的重心将转换到CentOS Stream项目上。CentOS Stream是滚动更新版本，系统内容动态更新，没有固定的版本号。并且Fedora更新后的内容将直接引用到CentOS Stream中，待CentOS Stream中的更新内容趋于稳定后才会在RHEL中更新。

CentOS在国内拥有大量用户，目前，CentOS仍是国内企业使用最多的系统之一，未来国内的银河麒麟、欧拉等操作系统用户会越来越多。

项目小结

本项目主要讲解了Linux虚拟机的创建、OpenStack自动化部署方式以及OpenStack云平台管理方式。通过本次学习，希望读者能够掌握Linux虚拟机的创建方式，掌握OpenStack自动化部署流程，熟悉OpenStack云平台的管理方式。

项目考核

一、选择题

1. 下列选项中，不属于Linux发行版的是（　　）。（2分）
   A. CentOS　　　　B. Debian　　　　C. Ubuntu　　　　D. UNIX
2. 下列选项中，不属于国内镜像站的是（　　）。（2分）
   A. 阿里镜像站　　B. 清华大学镜像站　　C. 腾讯镜像站　　D. 谷歌镜像站
3. 下列选项中，不属于网络服务的是（　　）。（2分）
   A. NetworkManager　B. Neutron　　　C. Network　　　D. SELinux
4. 下列选项中，不属于OpenStack组件的是（　　）。（2分）
   A. Compute　　　B. Identity　　　　C. HBase　　　　D. Glance
5. 静态IP配置中，BOOTPROTO的值应是（　　）。（2分）
   A. static　　　　B. ens33　　　　C. dhcp　　　　D. yes

二、操作题

1. 创建一台具备部署OpenStack条件的虚拟机。（2分）
2. 单节点部署OpenStack，并访问OpenStack界面。（4分）
3. 以普通用户的身份登录OpenStack界面，修改自身密码，并重新登录。（4分）

项目 3

部署 OpenStack 云计算基础环境

项目描述

使用 Packstack 单机部署 OpenStack 的方式虽然比较便捷，但对于服务器的性能需求也较高，并且在生产环境中不可能将所有服务都部署到一台服务器，所以企业级的部署方式还是以手动分布式部署为主。通过手动分布式部署能够合理地给各个服务分配资源，以及根据实际需求部署服务，剔除不需要的服务，个性化定制 OpenStack 生产环境。本项目中，读者需要掌握 OpenStack 基础环境的部署与配置方式，以及相关技能点。

学习目标

◎ 掌握网络时间协议的配置
◎ 掌握数据库的部署
◎ 掌握消息队列服务的安装
◎ 掌握对象缓存服务的安装

典型任务

◎ 安装消息队列服务
◎ 安装对象缓存服务

项目分析

OpenStack 官方文档中的部署方法需要用户先部署基础环境，包括 IP 地址、防火墙、主机名、Yum 源配置以及安装一系列必要的软件包。关闭防火墙的目的是防止在部署过程中由于防火墙的拦截导致一些组件不可用，而配置静态 IP 地址的目的是防止 DHCP 协议对主机 IP 地址重新分配，使配置失效。解析主机名之后，在一些配置中可以通过主机名表示某一主机，当 IP 地址发生变化时，用户只需要修改解析配置即可。Yum 源中记录了软件包的存储地址，但在 Linux 中默认 Yum 源是国外源，所以会导致安装时间过长或安装失败。针对这一问题，用户可将 Yum 源修改为国内源，加快软件包安装速度与成功率。

在 Linux 主机中默认的时间是格林尼治时间，所以用户需要修改为本地时间，并及时校准。多数程序在运行时会产生数据，这时就需要数据库来存储数据，而 OpenStack 同样需要数据库的支持。消息队列服务能够使 OpenStack 协调调用各服务的状态信息，而对象缓存服务则可以为身份认证服务提供密钥缓存机制。

项目描述

本项目的主要目的是部署多节点OpenStack的基础环境，以及支撑OpenStack正常运行的软件包。

在进行本项目之前用户需要准备3台Linux主机。

本项目分为6个主要任务，分别是配置主机网络、配置网络时间协议、部署数据库、安装消息队列服务、安装对象缓存服务与安装存储服务。其中，配置主机网络包括关闭防火墙、配置静态IP地址、解析主机名与配置Yum源。

关闭防火墙的过程中需要关闭两个防火墙，一个是firewalld外部防火墙，一个是SELinux内部防火墙。在配置静态IP地址时，需要将原来的dhcp修改为static，并配置IP地址、子网掩码、网关地址与DNS地址。解析主机名需要用户在配置文件中将主机名与IP地址写入同一行。配置Yum源的方式可以详见国内镜像站。

配置网络协议时需要在3个节点中分别安装时间同步应用，并配置控制节点的时间与时间服务器的时间一致，计算节点、存储节点的时间与控制节点的时间保持一致。

数据库服务、消息队列服务、对象缓存服务与存储服务通过Yum源安装即可。其中，数据库服务安装完成后需要修改配置，使其他节点能够通过控制节点访问数据库。消息队列服务安装完成后，需要创建OpenStack用户并配置密码，授予其读写权限。对象缓存服务与存储服务安装完成后，需要将服务地址修改为控制节点的IP地址。

本项目的技能描述见表3.1。

表 3.1 项目技能描述

项目名称	任 务	技能要求
部署 OpenStack 云计算基础环境	配置主机网络	具备 Linux 基础技能
	配置网络时间协议	具备 Linux 基础技能
	部署数据库	具备 Linux 基础技能与数据库基础技能
	安装消息队列服务	具备 Linux 基础技能
	安装对象缓存服务	具备 Linux 基础技能
	安装存储服务	具备 Linux 基础技能

任务 3.1　配置主机网络

学习任务

出于管理目的，所有节点都需要网络访问，如程序包安装、安全更新、DNS和NTP等。在大多数情况下，节点应通过管理网络接口获取其网络访问权限。

读者需要完成以下任务。

任务3.1.1　关闭防火墙

在部署环境之前需要准备3台主机，主机的各项配置见表3.2。

表 3.2　OpenStack 主机配置

主 机 名	IP 地址	UPC 与内存	磁　　盘	备　　注
controller	192.168.2.161	2 核 2 GB 或以上	20 GB 或以上	控制节点
compute	192.168.2.162	2 核 2 GB 或以上	20 GB 或以上	计算节点
compute2	192.168.2.163	2 核 2 GB 或以上	20 GB 或以上	块存储节点

将3台主机的防火墙与SELinux关闭，具体示例如下：

```
systemctl stop firewalld
systemctl disable firewalld
setenforce 0
sed -ri '/^SELINUX=/cSELINUX=disabled' /etc/selinux/config
```

外部防火墙（Firewalld）相当于门上的锁，想进屋子就要通过门，但是门上了锁就无法进去。内部防火墙（SELinux）就像是抽屉的锁，即使进了屋子也无法获取抽屉里的东西。

任务3.1.2　配置静态IP地址

为了防止DHCP协议导致的IP变动，需要手动配置静态IP，使主机一直使用同一个IP地址。在3台主机中通过编辑器打开网卡配置文件，具体示例如下：

```
vim /etc/sysconfig/network-scripts/ifcfg-ens33
```

控制节点的网卡配置文件内容如下。

```
TYPE="Ethernet"
PROXY_METHOD="none"
BROWSER_ONLY="no"
#将原来的dhcp修改为static
BOOTPROTO="static"
DEFROUTE="yes"
IPV4_FAILURE_FATAL="no"
IPV6INIT="yes"
IPV6_AUTOCONF="yes"
IPV6_DEFROUTE="yes"
IPV6_FAILURE_FATAL="no"
IPV6_ADDR_GEN_MODE="stable-privacy"
NAME="ens33"
UUID="21b39a7b-a822-4266-ae8d-c02cdc90adaa"
DEVICE="ens33"
ONBOOT="yes"

#添加如下内容
#IP地址
IPADDR=192.168.2.161
#子网掩码
```

```
NETMASK=255.255.255.0
#默认网关
GATEWAY=192.168.2.1
#默认域名解析地址
DNS1=8.8.8.8
```

计算节点的网卡配置文件内容如下：

```
TYPE="Ethernet"
PROXY_METHOD="none"
BROWSER_ONLY="no"
#将原来的dhcp修改为static
BOOTPROTO="static"
DEFROUTE="yes"
IPV4_FAILURE_FATAL="no"
IPV6INIT="yes"
IPV6_AUTOCONF="yes"
IPV6_DEFROUTE="yes"
IPV6_FAILURE_FATAL="no"
IPV6_ADDR_GEN_MODE="stable-privacy"
NAME="ens33"
UUID="21b39a7b-a822-4266-ae8d-c02cdc90adaa"
DEVICE="ens33"
ONBOOT="yes"

#添加如下内容
#IP地址
IPADDR=192.168.2.163
#子网掩码
NETMASK=255.255.255.0
#默认网关
GATEWAY=192.168.2.1
#默认域名解析地址
DNS1=8.8.8.8
```

块存储节点的网卡配置文件内容如下：

```
TYPE="Ethernet"
PROXY_METHOD="none"
BROWSER_ONLY="no"
#将原来的dhcp修改为static
BOOTPROTO="static"
DEFROUTE="yes"
IPV4_FAILURE_FATAL="no"
IPV6INIT="yes"
IPV6_AUTOCONF="yes"
```

```
IPV6_DEFROUTE="yes"
IPV6_FAILURE_FATAL="no"
IPV6_ADDR_GEN_MODE="stable-privacy"
NAME="ens33"
UUID="21b39a7b-a822-4266-ae8d-c02cdc90adaa"
DEVICE="ens33"
ONBOOT="yes"


#添加如下内容
#IP地址
IPADDR=192.168.2.163
#子网掩码
NETMASK=255.255.255.0
#默认网关
GATEWAY=192.168.2.1
#默认域名解析地址
DNS1=8.8.8.8
```

网卡配置文件修改完成后,将3台主机的网络重新启动,具体示例如下:

```
systemctl restart network
```

网络重新启动后,可通过命令查看各节点的IP地址是否修改成功,具体示例如下:

```
[root@compute ~]# ip a
1: lo: <LOOPBACK,UP,LOWER_UP> mtu 65536 qdisc noqueue state UNKNOWN group default qlen 1000
    link/loopback 00:00:00:00:00:00 brd 00:00:00:00:00:00
    inet 127.0.0.1/8 scope host lo
       valid_lft forever preferred_lft forever
    inet6 ::1/128 scope host
       valid_lft forever preferred_lft forever
2: ens33: <BROADCAST,MULTICAST,UP,LOWER_UP> mtu 1500 qdisc pfifo_fast state UP group default qlen 1000
    link/ether 00:0c:29:46:8e:d6 brd ff:ff:ff:ff:ff:ff
    inet 192.168.2.162/24 brd 192.168.2.255 scope global noprefixroute ens33
       valid_lft forever preferred_lft forever
    inet6 fe80::dee5:8616:a6b:9549/64 scope link noprefixroute
       valid_lft forever preferred_lft forever
```

任务3.1.3 解析主机名

为了便于管理,用户可将复杂的IP地址与简单的主机名关联起来,直接通过主机名即可访问对应的主机。

分别为3台主机修改主机名,具体示例如下:

```
hostnamectl set-hostname controller
hostnamectl set-hostname compute
hostnamectl set-hostname compute2
```

在3台主机中用编辑器打开hosts文件,具体示例如下:

```
vim /etc/hosts
```

在hosts文件中添加3台主机的IP地址与对应的主机名,具体示例如下:

```
192.168.2.161   controller
192.168.2.162   compute
192.168.2.163   compute2
```

主机名解析配置完成后,需要重新远程连接主机。此时,各个主机之间已经可以通过主机名互相访问,具体示例如下:

```
[root@compute ~]# ping controller
PING controller (192.168.2.161) 56(84) bytes of data.
64 bytes from controller (192.168.2.161): icmp_seq=1 ttl=64 time=0.336 ms
64 bytes from controller (192.168.2.161): icmp_seq=2 ttl=64 time=0.615 ms
64 bytes from controller (192.168.2.161): icmp_seq=3 ttl=64 time=0.348 ms
64 bytes from controller (192.168.2.161): icmp_seq=4 ttl=64 time=0.278 ms
64 bytes from controller (192.168.2.161): icmp_seq=5 ttl=64 time=0.422 ms
^C
--- controller ping statistics ---
5 packets transmitted, 5 received, 0% packet loss, time 4000ms
rtt min/avg/max/mdev = 0.278/0.399/0.615/0.119 ms
```

由上述示例可知,计算节点已经可以通过控制节点的主机名ping到控制节点了。

任务3.1.4 配置Yum仓库

在CentOS中,CentOS默认启用extras仓库,extras仓库提供OpenStack所用的RPM包,因此可以直接安装OpenStack所用的RPM包。在3台主机中执行以下操作。

更换国内Yum源,具体示例如下:

```
wget -O /etc/yum.repos.d/CentOS-Base.repo https://mirrors.aliyun.com/repo/Centos-7.repo
```

安装软件包,具体示例如下:

```
yum -y install centos-release-openstack-train
```

使用yum命令升级软件包,具体示例如下:

```
yum upgrade
```

安装OpenStack客户端,具体示例如下:

```
yum -y install python-openstackclient
```

任务 3.2　配置网络时间协议

学习任务

NTP（Network Time Protocol，网络时间协议）服务用于同步服务器时间。实际项目中，用户可以安装Chrony使不同服务器之间时间同步。读者需要完成以下任务。

① 控制节点controller安装Chrony，具体示例如下：

```
[root@controller ~]# yum -y install chrony
```

编辑配置文件，添加参数指定时间同步主机以及允许连接的其他节点，具体示例如下：

```
[root@controller ~]# vi /etc/chrony.conf
server controller iburst
#根据主机所处的网段配置
allow 192.168.2.0/24
```

启动服务并设置为开机自启动，具体示例如下：

```
[root@controller ~]# systemctl enable chronyd
[root@controller ~]# systemctl start chronyd
```

② 计算节点与块存储节点安装Chrony，具体示例如下：

```
yum -y install chrony
```

编辑配置文件，具体示例如下：

```
vi /etc/chrony.conf
```

添加参数指定时间同步主机，具体内容如下：

```
server controller iburst
```

启动服务并设置开机自启，验证是否配置成功，具体示例如下：

```
[root@compute ~]# systemctl enable chronyd
[root@compute ~]# systemctl start chronyd
[root@compute ~]#  chronyc sources -v
210 Number of sources = 1
MS Name/IP address         Stratum Poll Reach LastRx Last sample
^* controller                   2   6   177    16   +601us[+1255us] +/-    37ms
```

由上述结果可知，MS的值为^*时，说明时间同步配置成功。

任务 3.3　部署数据库

学习任务

大多数版本的OpenStack服务需要使用数据库存储数据，此处的数据库在控制节点运行。OpenStack服务支持MariaDB、MySQL等SQL数据库，不同的版本会有所不同，此次实验使用MariaDB。读者需要完成以下任务。

在控制节点安装MariaDB数据库，具体示例如下：

```
[root@controller ~]# yum -y install mariadb mariadb-server python2-PyMySQL
```

编辑配置文件，设置监听地址及数据库的相关配置，使得其他节点能够通过控制节点访问数据库，具体示例如下：

```
[root@controller ~]# vi /etc/my.cnf.d/openstack.cnf
[mysqld]
bind-address = 192.168.2.161            #监听地址
default-storage-engine = innodb         #设置默认存储引擎
innodb_file_per_table = on              #开启独享表空间
max_connections = 4096                  #设置最大连接数
collation-server = utf8_general_ci      #设置校对规则
character-set-server = utf8             #设置默认字符集
```

启动数据库并设置开机自启，具体示例如下：

```
[root@controller ~]# systemctl enable mariadb.service
Created symlink from /etc/systemd/system/mysql.service to /usr/lib/systemd/system/mariadb.service.
Created symlink from /etc/systemd/system/mysqld.service to /usr/lib/systemd/system/mariadb.service.
Created symlink from /etc/systemd/system/multi-user.target.wants/mariadb.service to /usr/lib/systemd/system/mariadb.service.
[root@controller ~]# systemctl start mariadb.service
```

初始化数据库，保证数据库服务的安全性，具体示例如下：

```
[root@controller ~]# mysql_secure_installation

NOTE: RUNNING ALL PARTS OF THIS SCRIPT IS RECOMMENDED FOR ALL MariaDB
      SERVERS IN PRODUCTION USE!  PLEASE READ EACH STEP CAREFULLY!

In order to log into MariaDB to secure it, we'll need the current
password for the root user.  If you've just installed MariaDB, and
you haven't set the root password yet, the password will be blank,
so you should just press enter here.

Enter current password for root (enter for none):
OK, successfully used password, moving on...

Setting the root password ensures that nobody can log into the MariaDB
root user without the proper authorisation.

Set root password? [Y/n] Y
New password:
```

```
Re-enter new password:
Password updated successfully!
Reloading privilege tables..
 ... Success!


By default, a MariaDB installation has an anonymous user, allowing anyone
to log into MariaDB without having to have a user account created for
them.  This is intended only for testing, and to make the installation
go a bit smoother.  You should remove them before moving into a
production environment.

Remove anonymous users? [Y/n] y
 ... Success!

Normally, root should only be allowed to connect from 'localhost'.  This
ensures that someone cannot guess at the root password from the network.

Disallow root login remotely? [Y/n] y
 ... Success!

By default, MariaDB comes with a database named 'test' that anyone can
access.  This is also intended only for testing, and should be removed
before moving into a production environment.

Remove test database and access to it? [Y/n] y
 - Dropping test database...
 ... Success!
 - Removing privileges on test database...
 ... Success!

Reloading the privilege tables will ensure that all changes made so far
will take effect immediately.

Reload privilege tables now? [Y/n] y
 ... Success!

Cleaning up...

All done!  If you've completed all of the above steps, your MariaDB
installation should now be secure.

Thanks for using MariaDB!
```

需要注意的是，为了保证数据库服务的安全性，可以为数据库的root用户设置一个符合安全策略的密码。

任务 3.4　安装消息队列服务

学习任务

OpenStack使用消息队列（Message Queue）协调调用各服务的状态信息。消息队列有多种，OpenStack支持的消息队列包括RabbitMQ、Qpid和ZeroMQ，本次实验使用RabbitMQ消息队列服务。读者需要完成以下任务。

在控制节点安装RabbitMQ，具体示例如下：

```
[root@controller ~]# yum -y install rabbitmq-server
```

启动消息队列服务并设置为开机自启，具体示例如下：

```
[root@controller ~]# systemctl enable rabbitmq-server.service
Created symlink from /etc/systemd/system/multi-user.target.wants/rabbitmq-server.service to /usr/lib/systemd/system/rabbitmq-server.service.
[root@controller ~]# systemctl start rabbitmq-server.service
```

RabbitMQ服务添加openstack用户，设置密码为123，具体示例如下：

```
[root@controller ~]# rabbitmqctl add_user openstack 123
Creating user "openstack"
```

给予openstack用户读和写的权限，具体示例如下：

```
[root@controller ~]# rabbitmqctl set_permissions openstack ".*" ".*" ".*"
Setting permissions for user "openstack" in vhost "/"
```

任务 3.5　安装对象缓存服务

学习任务

身份服务的身份验证机制需要使用Memached缓存密钥，是保证OpenStack安全性的组件之一。读者需要完成以下任务。

在控制节点安装Memcached，具体示例如下：

```
[root@controller ~]# yum install memcached python-memcached
```

修改Memcached的配置文件，将服务配置为控制节点的IP地址，具体示例如下：

```
[root@controller ~]# vi /etc/sysconfig/memcached
OPTIONS="-l 192.168.2.161,::1,controller"
```

启动Memcached服务并设置为开机自启，具体示例如下：

```
[root@controller ~]# systemctl enable memcached.service
```

```
Created symlink from /etc/systemd/system/multi-user.target.wants/memcached.
service to /usr/lib/systemd/system/memcached.service.
    [root@controller ~]# systemctl start memcached.service
```

任务 3.6　安装存储服务

学习任务

Etcd是一种可靠的分布式键值存储服务，用于存储配置、跟踪服务实时性等场景。存储服务运行在控制节点，部分存储服务会使用Etcd。读者需要完成以下任务。

在控制节点安装Etcd服务，具体示例如下：

```
[root@controller ~]# yum install etcd -y
```

修改Etcd的配置文件，将服务设置为控制节点的IP地址，具体示例如下：

```
[root@controller ~]# vi /etc/etcd/etcd.conf
#[Member]

ETCD_DATA_DIR="/var/lib/etcd/default.etcd"

ETCD_LISTEN_PEER_URLS="http://192.168.2.161:2380"
ETCD_LISTEN_CLIENT_URLS="http://192.168.2.161:2379"

ETCD_NAME="controller"

#[Clustering]

ETCD_INITIAL_ADVERTISE_PEER_URLS="http://192.168.2.161:2380"
ETCD_ADVERTISE_CLIENT_URLS="http://192.168.2.161:2379"
ETCD_INITIAL_CLUSTER="controller=http://192.168.2.161:2380"
ETCD_INITIAL_CLUSTER_TOKEN="etcd-cluster-01"
ETCD_INITIAL_CLUSTER_STATE="new"
```

启动Etcd服务并设置为开机自启，具体示例如下：

```
[root@controller ~]# systemctl enable etcd
[root@controller ~]# systemctl start etcd
```

知识拓展

常见的数据库

数据库（Database）是按照一定的数据结构（数据结构是指数据的组织形式或数据之间的联系）来

组织、存储及管理数据的仓库，可视为电子化的文件柜，用户可以对文件中的数据进行新增、查询、更新、删除等操作。

早期比较受欢迎的数据库模型有三种，分别为层次式数据库、网络式数据库、关系型数据库。而现代的互联网世界中，最常用的数据库模型只有两种，关系型数据库和非关系型数据库。

1. 关系型数据库

虽然网络式数据库和层次式数据库已经很好地解决了数据的集中和共享问题，但是在数据独立和抽象级别上仍有很大欠缺。用户在对这两种数据库进行存取时，仍然需要明确数据的存储结构，指出存取路径，而关系型数据库就可以比较好地解决这些问题。

关系型数据库模型是把复杂的数据结构归结为简单的二元关系（即二维表格形式）。在关系型数据库中，对数据的操作几乎全部建立在一个或多个关系表格上，通过这些关联的表格分类、合并、连接或选取等运算实现数据的管理。

（1）Oracle数据库

1979年Oracle（甲骨文）公司引入了第一个商用SQL关系数据库管理系统。Oracle公司是最早开发关系数据库的厂商之一，其产品支持最广泛的操作系统平台。目前Oracle关系数据库产品的市场占有比例很大。

（2）SQL Server数据库

SQL Server是微软公司开发的大型关系型数据库系统。SQL Server可以与Windows操作系统紧密集成，不论是应用程序开发速度还是系统事务处理运行速度，都能得到较大的性能提升。对于在Windows平台上开发的各种企业级信息管理系统来说，不论是C/S（客户机/服务器）架构还是B/S（浏览器/服务器）架构，SQL Server都是一个很好的选择。SQL Server的缺点是只能在Windows系统下运行。

（3）MySQL

MySQL是一个关系型数据库管理系统，由瑞典MySQL AB公司开发，属于Oracle旗下产品。MySQL是最流行的关系型数据库管理系统之一，在Web应用方面，MySQL是最优秀的RDBMS（Relational Database Management System，关系数据库管理系统）应用软件之一。

MySQL将数据保存在不同的表中，而不是将所有数据放在一个大仓库内，这样就增加了速度并提高了灵活性。MySQL所使用的SQL语句是用于访问数据库的最常用标准化语言。MySQL软件采用了双授权政策，分为社区版和商业版，由于其体积小、速度快、总体拥有成本低，尤其是开放源码这一特点，一般中小型网站的开发都会选择MySQL作为网站数据库。

（4）MariaDB

MariaDB是一款数据库服务，由MySQL之父维德纽斯（Widenius）开发，属于MySQL的分支，可以完全兼容MySQL，甚至一些性能比MySQL更加优越。

2. 非关系型数据库

非关系型数据库又称NoSQL数据库，NoSQL的本意是"Not Only SQL"，指的是非关系型数据库，因此，NoSQL的产生并不是要彻底否定关系型数据库，而是作为传统数据库的一个有效补充。

随着Web 2.0网站的兴起，传统的关系型数据库在应付Web 2.0网站，特别是对于规模日益扩大，数据越来越海量，拥有超大规模和高并发的类似微博、微信、SNS等的Web 2.0纯动态网站已经显得力不从心，暴露了很多难以克服的问题。例如，传统的关系型数据库IO瓶颈、性能瓶颈都难以有效突破，于是开始出现了大批针对特定场景，以高性能和使用便利为目的、功能特异化的数据库产品。NoSQL（非关系型）类的数据库就是在这样的情景中诞生并得到了非常迅速的发展。

下面介绍常见的非关系型数据库。

（1）Memcached

Memcached是一个开源的、高性能的、具有分布式内存对象的缓存系统。通过它可以减轻数据库负载，加速动态的Web应用，最初版本由*LiveJournal*的Brad Fitzpatrick在2003年开发完成。目前全球有非常多的用户都在使用它构建自己的大负载网站或提高自己的高访问网站的响应速度。

（2）Redis

Redis与Memcached类似，也是一个高性能的key-value型存储数据库系统。为了保证效率，Redis的数据都是缓存在内存中。区别是Redis会周期性地把更新的数据写入磁盘或者把修改操作写入追加的记录文件，并且在此基础上实现了master-slave（主从）同步。Redis的出现，很大程度上补偿了Memcached这类key-value存储的不足，在部分场合可以对关系数据库进行很好的补充作用。它提供了Python、Ruby、Erlang、PHP客户端，使用很方便。支持主从集群与分布式，支持队列等特殊功能。

（3）MongoDB

MongoDB是一个基于分布式文件存储的数据库，由C++语言编写，旨在为Web应用提供可扩展的高性能数据存储解决方案。

MongoDB是一个介于关系型数据库和非关系型数据库（NoSQL）之间的产品，是非关系型数据库当中功能最丰富、最像关系数据库的。

MongoDB的文档存储结构是一种层次结构，主要分为三部分，分别为数据库（Database）、集合（Collection）和文档（Document）。一个MongoDB实例可以包含一组数据库，一个Database可以包含一组Collection（集合），一个集合可以包含一组Document（文档）。一个Document包含一组field（字段），每个字段都是一个key-value pair。MongoDB的存储逻辑结构如图3.1所示。

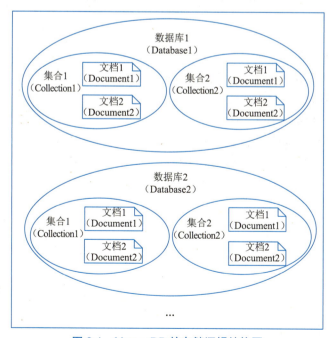

图 3.1　MongoDB 的存储逻辑结构图

项目小结

本项目在3台Linux主机的基础上配置了主机网络与网络时间协议，部署了数据库服务、消息队列服务、对象缓存服务与存储服务。通过本次学习，希望读者能够掌握上述部署OpenStack基础环境的流程与方式。

项目考核

一、选择题

1. 下列选项中，用于分发IP地址的协议是（　　）。(2分)
   A. DHCP　　　　B. NTP　　　　C. ICMP　　　　D. DNS
2. 下列选项中，用于域名解析的协议是（　　）。(2分)
   A. DHCP　　　　B. NTP　　　　C. ICMP　　　　D. DNS
3. 下列选项中，用于时间同步的协议是（　　）。(2分)
   A. DHCP　　　　B. NTP　　　　C. ICMP　　　　D. DNS
4. 下列选项中，属于消息队列服务的是（　　）。(2分)
   A. MariaDB　　　B. RabbitMQ　　C. Memached　　D. Etcd
5. 下列选项中，属于分布式键值存储服务的是（　　）。(2分)
   A. MariaDB　　　B. RabbitMQ　　C. Memached　　D. Etcd

二、操作题

1. 配置3台主机的网络。(1分)
2. 部署Chrony，使3台主机的时间同步。(1分)
3. 在控制节点部署数据库。(2分)
4. 在控制节点部署消息队列。(2分)
5. 在控制节点部署对象缓存。(2分)
6. 在控制节点部署存储服务（Etcd）。(2分)

项目 4

OpenStack 最小化部署

项目描述

OpenStack 是一组工具的集合,用户可以随意缩减或扩展。但其中一些基础的服务是 OpenStack 必备的,只部署这些必备服务的部署方式称为最小化部署。用户可以在最小化部署的基础上根据实际需求定制生产环境,以及分配资源。本项目中,读者需要掌握 OpenStack 必备服务的部署与配置方式,以及相关技能点。

学习目标

◎掌握身份认证服务的部署与配置
◎掌握镜像服务的部署与配置
◎掌握定位服务的部署与配置
◎掌握计算服务的部署与配置
◎掌握网络服务的部署与配置

典型任务

◎安装身份认证服务
◎安装镜像服务
◎安装定位服务
◎安装计算服务
◎安装网络服务

项目分析

OpenStack 的架构庞大,组件数量也比较多,但在生产环境中并非需要用到所有组件。在这些组件中,有一些是核心组件,是部署 OpenStack 云平台必需的组件。将 OpenStack 的核心组件部署完成,实现其基本功能,就是最小化部署。

身份认证服务、镜像服务、定位服务、计算服务与网络服务都是 OpenStack 的核心组件。其中,身份认证服务的作用是辨别用户身份,保障 OpenStack 安全性。镜像服务的作用是存储镜像、运行镜像、管理镜像。定位服务用于追踪各项资源的库存与使用情况。计算服务用于托管与管理云计算系统。网络服务用于配置 OpenStack 网络。

项目描述

本项目的主要目的是部署OpenStack的核心组件，实现OpenStack的基本功能。

身份认证服务、镜像服务、定位服务、计算服务与网络服务都需要数据库的支撑，往往部署这些服务之前都需要先创建它们专用的数据库，并授予其相关权限。通常在安装服务时并非只需要安装服务的软件包，而是需要其他软件包的支持才能使服务正常运行。另外，在修改配置时，由于版本的不同，一些配置默认是不存在的，这时就需要用户手动创建。

在身份认证服务部署完成后，用户需要创建环境变量，通过环境变量来认证自身的身份，才能对OpenStack组件进行操作。OpenStack云平台部署完成后，需要通过云平台来创建实例，而创建实例的前提之一就是上传镜像，基于镜像创建实例系统。因此，镜像服务是OpenStack的核心组件之一。OpenStack是基于资源池来分配资源的，每个物理设备提供的计算资源都可以添加到资源池中。同时，每个设备的资源使用情况与库存信息都需要统计到资源池中，由OpenStack平台统一管理，这一任务就由定位服务来完成。计算服务是IaaS服务的重要组成，通常云上的实例都由计算服务统一管理。云上实例的创建离不开网络服务的支持，在实例的创建过程中，OpenStack会根据用户配置的网络信息向实例分配IP地址。

本项目的技能描述见表4.1。

表 4.1 项目技能描述

项目名称	任 务	技能要求
OpenStack 最小化部署	部署身份认证服务	具备 Linux 基础技能与数据库基础技能，熟悉 OpenStack 核心架构
	部署镜像服务	具备 Linux 基础技能与数据库基础技能，熟悉 OpenStack 核心架构
	部署定位服务	具备 Linux 基础技能与数据库基础技能，熟悉 OpenStack 核心架构
	部署计算服务	具备 Linux 基础技能与数据库基础技能，熟悉 OpenStack 核心架构
	部署网络服务	具备 Linux 基础技能与数据库基础技能，熟悉 OpenStack 核心架构

任务 4.1 部署身份认证服务

学习任务

身份认证服务（Keystone）是用户与平台交互的第一个服务，用户经过身份认证后，可以使用他们的身份访问OpenStack的其他服务。它支持多种形式的认证方式，包括用户名与密码认证、基于令牌的认证与REST登录。

管理员可以通过身份认证服务管理所有OpenStack用户身份信息，包括创建用户、租户与角色，基于角色访问控制策略分配资源权限，配置认证与授权。而没有被管理员授权的用户需要通过身份认证服务进行认证与授权。

身份认证服务需要维护的对象如下。

用户：OpenStack系统的用户，如admin、guest。

租户：用于将资源、权限与用户进行分组的项目。
角色：用于定义用户在租户中的权限。
服务：在身份认证服务中注册的其他服务组件，如计算服务、镜像服务等。
端点：在身份认证服务中注册的服务API具体的URL地址。
在部署身份认证服务的过程中，读者需要完成以下任务。

任务4.1.1 创建数据库

在控制节点进入数据库中，具体示例如下：

```
[root@controller ~]# mysql -uroot -p123
```

在数据库中创建身份认证数据库，具体示例如下：

```
MariaDB [(none)]> create database keystone;
```

对身份认证数据库授予相应的权限，具体示例如下：

```
MariaDB [(none)]> grant all privileges on keystone.* to 'keystone'@'localhost' identified by '123';
MariaDB [(none)]> grant all privileges on keystone.* to 'keystone'@'%' identified by '123';
```

授权完成后，退出数据库，具体示例如下：

```
MariaDB [(none)]> exit
```

任务4.1.2 安装与配置组件

安装身份认证软件包，具体示例如下：

```
[root@controller ~]# yum install openstack-keystone httpd mod_wsgi
```

修改配置文件，配置数据库访问，具体示例如下：

```
[root@controller ~]# vi /etc/keystone/keystone.conf
[database]

connection = mysql+pymysql://keystone:123@controller/keystone
[token]

provider = fernet
```

填充身份认证数据库，具体示例如下：

```
[root@controller ~]# su -s /bin/sh -c "keystone-manage db_sync" keystone
```

初始化Fernet密钥库，使keystone在其他操作系统的用户和组下也能运行，具体示例如下：

```
[root@controller ~]# keystone-manage fernet_setup --keystone-user keystone --keystone-group keystone
[root@controller ~]# keystone-manage credential_setup --keystone-user keystone --keystone-group keystone
```

引导身份认证服务并初始化，具体示例如下：

```
[root@controller ~]# keystone-manage bootstrap --bootstrap-password 123 --bootstrap-admin-url http://controller:5000/v3/  --bootstrap-internal-url http://controller:5000/v3/  --bootstrap-public-url http://controller:5000/v3/ --bootstrap-region-id RegionOne
```

修改配置文档，选用控制节点，具体示例如下：

```
[root@controller ~]# vi /etc/httpd/conf/httpd.conf
ServerName controller
```

创建身份认证服务配置文件的文件链接，具体示例如下：

```
[root@controller ~]# ln -s /usr/share/keystone/wsgi-keystone.conf /etc/httpd/conf.d/
```

启动Apache服务并配置开机自启，具体示例如下：

```
[root@controller ~]# systemctl enable httpd.service
Created symlink from /etc/systemd/system/multi-user.target.wants/httpd.service to /usr/lib/systemd/system/httpd.service.
[root@controller ~]# systemctl start httpd.service
```

任务4.1.3 配置环境变量

通过设置适当的环境变量来配置管理账户，具体示例如下：

```
[root@controller ~]# vi admin-openrc
export OS_USERNAME=admin
export OS_PASSWORD=123
export OS_PROJECT_NAME=admin
export OS_USER_DOMAIN_NAME=Default
export OS_PROJECT_DOMAIN_NAME=Default
export OS_AUTH_URL=http://controller:5000/v3
export OS_IDENTITY_API_VERSION=3
```

应用环境变量，具体示例如下：

```
[root@controller ~]# source admin-openrc
```

任务4.1.4 验证操作

身份认证服务为OpenStack每个服务提供身份验证，身份验证需要使用域、项目、用户和角色的组合。

创建默认域，具体示例如下。

```
[root@controller ~]# openstack domain create --description "Default Domain" Default
+-------------+----------------------------------+
| Field       | Value                            |
+-------------+----------------------------------+
| description | Default Domain                   |
| enabled     | True                             |
| id          | 2f4f80574fd84fe6ba9067228ae0a50c |
| name        | Default                          |
| tags        | []                               |
+-------------+----------------------------------+
```

为进行项目管理操作，创建项目、用户和角色。

创建admin项目，具体示例如下：

```
[root@controller ~]# openstack project create --domain default --description "Admin Project" admin

+-------------+----------------------------------+
| Field       | Value                            |
+-------------+----------------------------------+
| description | Admin Project                    |
| domain_id   | default                          |
| enabled     | True                             |
| id          | aeda23aa78f44e859900e22c24817832 |
| is_domain   | False                            |
| name        | admin                            |
| parent_id   | default                          |
| tags        | []                               |
+-------------+----------------------------------+
```

创建admin用户，具体示例如下：

```
#创建用户
[root@controller ~]# openstack user create --domain default --password-prompt admin

User Password:
Repeat User Password:
+---------------------+----------------------------------+
| Field               | Value                            |
+---------------------+----------------------------------+
| domain_id           | default                          |
| enabled             | True                             |
| id                  | aeda23aa78f44e859900e22c24817832 |
```

```
| name                | admin                                  |
| options             | {}                                     |
| password_expires_at | None                                   |
+---------------------+----------------------------------------+
```

创建admin角色,具体示例如下:

```
[root@controller ~]# openstack role create admin


+-----------+----------------------------------+
| Field     | Value                            |
+-----------+----------------------------------+
| domain_id | None                             |
| id        | 997ce8d05fc143ac97d83fdfb5998552 |
| name      | admin                            |
+-----------+----------------------------------+
```

将admin角色添加到admin项目和admin用户上,具体示例如下:

```
[root@controller ~]# openstack role add --project admin --user admin admin
```

在实际环境中,开发者为OpenStack服务创建唯一用户时,唯一用户需包含在service项目内,创建service项目,具体示例如下:

```
[root@controller ~]# openstack project create --domain default --description
"Service Project" service

  +-------------+----------------------------------+
  | Field       | Value                            |
  +-------------+----------------------------------+
  | description | Service Project                  |
  | domain_id   | default                          |
  | enabled     | True                             |
  | id          | 5eaf162fb3b949b9ad57d848629757f1 |
  | is_domain   | False                            |
  | name        | service                          |
  | options     | {}                               |
  | parent_id   | default                          |
  | tags        | []                               |
  +-------------+----------------------------------+
```

对身份认证服务进行验证,首先取消设置认证链接和密码的临时环境变量,具体示例如下:

```
[root@controller ~]# unset OS_AUTH_URL OS_PASSWORD
```

然后验证admin用户的身份令牌,具体示例如图4.1所示。

```
[root@controller ~]# openstack --os-auth-url http://controller:5000/v3 --os-project-
domain-name Default --os-user-domain-name Default --os-project-name admin --os-
username admin token issue
Password: 123
+------------+------------------------------------------------------------------+
| Field      | Value                                                            |
+------------+------------------------------------------------------------------+
| expires    | 2021-09-02T06:24:17+0000                                         |
| id         | gAAAAABhMGABAO1rXsg0rnL2qegdQZjdOZAghyvdMes6GJ9nkbQgTyQDDlP4drw0w901eSj_nQWZk7OxdFB64
qhguh4v13majISWXAsp3loVpE2Iyja4puT8_MOHO2tsXT9FLprEqAniwiYnSo7-wUUR-sDVZ9ClOP-
3yO5ROOzUqUJ-qCJddxE                                                             |
| project_id | 4c1c66c3a11947bab644b3e7d4abfb01                                 |
| user_id    | b0b89ee8513a42e281be5aeadad6c699                                 |
+------------+------------------------------------------------------------------+
```

图 4.1　验证 admin 用户的身份令牌

如果验证成功，则表示身份认证服务部署成功。

任务 4.2　部署镜像服务

学习任务

镜像服务（Glance）是基础设施即服务（IaaS）的核心，使用户能够发现、注册和检索虚拟机镜像，用户可以将镜像服务提供的镜像存储在虚拟机的各种对象存储系统中。通常，镜像服务会利用 RabbitMQ 服务，使 OpenStack 不通过控制器，直接与镜像服务进行远程通信。

在镜像服务的部署过程中，读者需要完成以下任务。

任务 4.2.1　环境部署

OpenStack 镜像服务包括多个组件，见表 4.2。

表 4.2　OpenStack 镜像服务组件

组件	功能
glance-api	调用镜像 API
glance-registry	对镜像的元数据进行操作，用于服务 OpenStack 镜像服务
数据库	存放镜像元数据
镜像文件的存储仓库	支持多种类型的仓库
元数据定义服务	自定义元数据

镜像服务的监听端口默认为 9292，用于接收磁盘镜像或服务器镜像 API 请求，然后通过其他模块对镜像进行获取、上传和删除等操作，镜像服务安装在控制节点。

安装和配置镜像服务之前，需要创建数据库、服务凭证和 API 端点。在控制节点登录数据库创建一个镜像数据库，并给予镜像数据库相应的权限，具体示例如下：

```
[root@controller ~]# mysql -uroot -p123
MariaDB [(none)]> create database glance;
MariaDB [(none)]> grant all privileges on glance.* to 'glance'@'localhost' identified by '123';
Query OK, 0 rows affected (0.018 sec)

MariaDB [(none)]> grant all privileges on glance.* to 'glance'@'%' identified by '123';
Query OK, 0 rows affected (0.000 sec)
```

授权完成后,退出数据库,具体示例如下:

```
MariaDB [(none)]> exit
```

获得admin凭证用于获取管理员权限,具体示例如下:

```
[root@controller ~]# source admin-openrc
```

创建镜像用户,具体示例如下:

```
[root@controller ~]# openstack user create --domain default --password-prompt glance
User Password:
Repeat User Password:
+---------------------+----------------------------------+
| Field               | Value                            |
+---------------------+----------------------------------+
| domain_id           | default                          |
| enabled             | True                             |
| id                  | 22d88f1944814c978c1a9a31b6e6d59a |
| name                | glance                           |
| options             | {}                               |
| password_expires_at | None                             |
+---------------------+----------------------------------+
```

将admin角色添加到镜像用户和service项目中,具体示例如下:

```
[root@controller ~]# openstack role add --project service --user glance admin
```

创建镜像服务实体,具体示例如下:

```
[root@controller ~]# openstack service create --name glance --description "OpenStack Image" image
+-------------+----------------------------------+
| Field       | Value                            |
+-------------+----------------------------------+
| description | OpenStack Image                  |
| enabled     | True                             |
| id          | acc1dfe088e547d1bc889fcc0f005ad6 |
| name        | glance                           |
| type        | image                            |
+-------------+----------------------------------+
```

创建镜像服务API端点，具体示例如下：

```
[root@controller ~]# openstack endpoint create --region RegionOne image public 
http://controller:9292
+--------------+----------------------------------+
| Field        | Value                            |
+--------------+----------------------------------+
| enabled      | True                             |
| id           | 9dedb8b277f64080b4e85e6c9e3acea6 |
| interface    | public                           |
| region       | RegionOne                        |
| region_id    | RegionOne                        |
| service_id   | acc1dfe088e547d1bc889fcc0f005ad6 |
| service_name | glance                           |
| service_type | image                            |
| url          | http://controller:9292           |
+--------------+----------------------------------+
[root@controller ~]# openstack endpoint create --region RegionOne image internal 
http://controller:9292
+--------------+----------------------------------+
| Field        | Value                            |
+--------------+----------------------------------+
| enabled      | True                             |
| id           | 42845ceb250e4c3490970f46b63022f4 |
| interface    | internal                         |
| region       | RegionOne                        |
| region_id    | RegionOne                        |
| service_id   | acc1dfe088e547d1bc889fcc0f005ad6 |
| service_name | glance                           |
| service_type | image                            |
| url          | http://controller:9292           |
+--------------+----------------------------------+
[root@controller ~]# openstack endpoint create --region RegionOne image admin 
http://controller:9292
+--------------+----------------------------------+
| Field        | Value                            |
+--------------+----------------------------------+
| enabled      | True                             |
| id           | 7b20b121a0f54606ab0172ca11da356f |
| interface    | admin                            |
| region       | RegionOne                        |
| region_id    | RegionOne                        |
| service_id   | acc1dfe088e547d1bc889fcc0f005ad6 |
| service_name | glance                           |
```

```
| service_type   | image                    |
| url            | http://controller:9292   |
+----------------+--------------------------+
```

任务4.2.2 安装与配置镜像服务

安装镜像服务软件包，具体示例如下：

```
[root@controller ~]# yum install openstack-glance
```

编辑glance-api组件的配置文件，配置数据库访问、身份认证服务访问及本地系统存储和图像文件的位置，具体示例如下：

```
[root@controller ~]# vi /etc/glance/glance-api.conf
[database]
# ...
connection = mysql+pymysql://glance:123@controller/glance
```

需要注意的是，在OpenStack的整个配置过程中，因为版本原因，有些配置项在文件中是不存在的，所以需要用户手动添加。

在[keystone_authtoken]模块和[paste_deploy]模块中配置身份认证服务访问，另外，在[keystone_authtoken]模块中注释或者删除其他选项，具体示例如下：

```
[root@controller ~]# vi /etc/glance/glance-api.conf
[keystone_authtoken]
# ...
www_authenticate_uri = http://controller:5000
auth_url = http://controller:5000
memcached_servers = controller:11211
auth_type = password
project_domain_name = Default
user_domain_name = Default
project_name = service
username = glance
password = GLANCE_PASS

[paste_deploy]
# ...
flavor = keystone
```

需要注意的是，[keystone_authtoken]模块下的其他选项都要进行注释或删除，使其不能生效。

在配置文件[glance_store]模块中，配置本地文件系统存储和图像文件的位置。

```
[glance_store]
# ...
stores = file,http
```

```
default_store = file
filesystem_store_datadir = /var/lib/glance/images/
```

将镜像信息同步到数据库,具体示例如下:

```
[root@controller ~]# su -s /bin/sh -c "glance-manage db_sync" glance
```

启动镜像服务并配置为开机自启动,具体示例如下:

```
[root@controller ~]# systemctl enable openstack-glance-api.service
Created symlink from /etc/systemd/system/multi-user.target.wants/openstack-glance-api.service to /usr/lib/systemd/system/openstack-glance-api.service.
[root@controller ~]# systemctl start openstack-glance-api.service
```

任务4.2.3 验证操作

获得admin凭证用于获取管理员权限,具体示例如下:

```
[root@controller ~]# source admin-openrc
```

下载源镜像,具体示例如下:

```
[root@controller ~]# wget http://download.cirros-cloud.net/0.4.0/cirros-0.4.0-x86_64-disk.img
```

使用QCOW2磁盘格式和bare容器格式将镜像上传到镜像服务,设置为公开可见,使得所有项目都可以访问它,具体示例如下:

```
[root@controller ~]# glance image-create --name "cirros" --file cirros-0.4.0-x86_64-disk.img --disk-format qcow2 --container-format bare --visibility public

+------------------+----------------------------------------------------------+
| Property         | Value                                                    |
+------------------+----------------------------------------------------------+
| checksum         | 443b7623e27ecf03dc9e01ee93f67afe                         |
| container_format | bare                                                     |
| created_at       | 2021-09-02T09:23:52Z                                     |
| disk_format      | qcow2                                                    |
| id               | e25a455c-cada-4887-86f4-80f102b5efe9                     |
| min_disk         | 0                                                        |
| min_ram          | 0                                                        |
| name             | cirros                                                   |
| os_hash_algo     | sha512                                                   |
| os_hash_value    | 6513f21e44aa3da349f248188a44bc304a3653a04122d8fb4535423c8e |
|                  | 1d14cd6a153f735bb0982e                                   |
|                  | 2161b5b5186106570c17a9e58b64dd39390617cd5a350f78         |
| os_hidden        | False                                                    |
| owner            | 4c1c66c3a11947bab644b3e7d4abfb01                         |
```

```
| protected            | False                |
| size                 | 12716032             |
| status               | active               |
| tags                 | []                   |
| updated_at           | 2021-09-02T09:23:53Z |
| virtual_size         | Not available        |
| visibility           | public               |
+----------------------+----------------------+
```

确认上传的镜像并验证其属性,具体示例如下:

```
[root@controller ~]# glance image-list
+--------------------------------------+--------+
| ID                                   | Name   |
+--------------------------------------+--------+
| e25a455c-cada-4887-86f4-80f102b5efe9 | cirros |
+--------------------------------------+--------+
```

至此,镜像服务的安装与配置已全部完成。

任务 4.3　部署定位服务

学习任务

定位服务(Placement Usage)起源于Nova项目,可供任何需要管理资源选择和消耗的服务使用。一个资源提供者可以是一个计算节点、共享存储池,或一个IP分配池。Placement服务用于跟踪每个提供者的库存和使用情况。

在定位服务的部署过程中,读者需要完成以下任务。

任务4.3.1　创建数据库

在安装和配置定位服务之前,需要创建数据库、服务凭证和API端点。

使用root用户身份登录数据库,具体命令如下:

```
[root@controller ~]# mysql -uroot -p123
```

创建placement数据库,具体示例如下:

```
MariaDB [(none)]> create database placement;
Query OK, 1 row affected (0.011 sec)
```

对placement数据库授予适当访问权限,具体示例如下:

```
MariaDB [(none)]> grant all privileges on placement.* to 'placement'@'localhost' identified by '123';
Query OK, 0 rows affected (0.013 sec)
```

```
MariaDB [(none)]> grant all privileges on placement.* to 'placement'@'%'
identified by '123';
Query OK, 0 rows affected (0.002 sec)
```

授权完成后,退出数据库,具体示例如下:

```
MariaDB [(none)]> exit
```

任务4.3.2 配置用户与终端节点

获得admin凭证用于获取管理员权限,具体示例如下:

```
[root@controller ~]# source admin-openrc
```

创建一个定位服务用户,具体示例如下。

```
[root@controller ~]# openstack user create --domain default --password-prompt placement
User Password:
Repeat User Password:
+---------------------+----------------------------------+
| Field               | Value                            |
+---------------------+----------------------------------+
| domain_id           | default                          |
| enabled             | True                             |
| id                  | 29f1c305391447abae0a87363ff578ff |
| name                | placement                        |
| options             | {}                               |
| password_expires_at | None                             |
+---------------------+----------------------------------+
```

将Placement用户添加到Service项目中,具体示例如下:

```
[root@controller ~]# openstack role add --project service --user placement admin
```

在服务目录中创建定位服务API,具体示例如下:

```
[root@controller ~]# openstack service create --name placement --description "Placement API" placement
+-------------+----------------------------------+
| Field       | Value                            |
+-------------+----------------------------------+
| description | Placement API                    |
| enabled     | True                             |
| id          | 27d4a5d02fdc4b7da97cbe44e272562c |
| name        | placement                        |
| type        | placement                        |
+-------------+----------------------------------+
```

创建定位服务API端点，具体示例如下：

```
[root@controller ~]# openstack endpoint create --region RegionOne placement public http://controller:8778
+--------------+----------------------------------+
| Field        | Value                            |
+--------------+----------------------------------+
| enabled      | True                             |
| id           | 0f7cbdc1460846b2ad5f6d09bb736c84 |
| interface    | public                           |
| region       | RegionOne                        |
| region_id    | RegionOne                        |
| service_id   | 27d4a5d02fdc4b7da97cbe44e272562c |
| service_name | placement                        |
| service_type | placement                        |
| url          | http://controller:8778           |
+--------------+----------------------------------+

[root@controller ~]# openstack endpoint create --region RegionOne placement internal http://controller:8778
+--------------+----------------------------------+
| Field        | Value                            |
+--------------+----------------------------------+
| enabled      | True                             |
| id           | 2196184dfb5f41228aede94273abcd8b |
| interface    | internal                         |
| region       | RegionOne                        |
| region_id    | RegionOne                        |
| service_id   | 27d4a5d02fdc4b7da97cbe44e272562c |
| service_name | placement                        |
| service_type | placement                        |
| url          | http://controller:8778           |
+--------------+----------------------------------+

[root@controller ~]# openstack endpoint create --region RegionOne placement admin http://controller:8778
+--------------+----------------------------------+
| Field        | Value                            |
+--------------+----------------------------------+
| enabled      | True                             |
| id           | b788e73c64ce40b3a0c8262b3f69f7d3 |
| interface    | admin                            |
| region       | RegionOne                        |
| region_id    | RegionOne                        |
```

```
| service_id   | 27d4a5d02fdc4b7da97cbe44e272562c |
| service_name | placement                        |
| service_type | placement                        |
| url          | http://controller:8778           |
+--------------+----------------------------------+
```

任务4.3.3 安装与配置服务

安装定位服务组件软件包,具体示例如下:

```
[root@controller ~]# yum install openstack-placement-api -y
```

编辑配置文件/etc/placement/placement.conf,在[placement_database]模块中配置数据库访问,具体示例如下:

```
[root@controller ~]# vi /etc/placement/placement.conf
[placement_database]
# ...
connection = mysql+pymysql://placement:123@controller/placement
```

在[api]和[keystone_authtoken]模块中配置身份认证服务访问,具体示例如下:

```
[api]
# ...
auth_strategy = keystone

[keystone_authtoken]
# ...
auth_url = http://controller:5000/v3
memcached_servers = controller:11211
auth_type = password
project_domain_name = Default
user_domain_name = Default
project_name = service
username = placement
password = 123
```

将信息同步到数据库,具体示例如下:

```
[root@controller ~]# su -s /bin/sh -c "placement-manage db sync" placement
```

最后,重启httpd服务,具体示例如下:

```
[root@controller ~]# systemctl restart httpd
```

任务4.3.4 验证操作

获得admin凭证用于获取管理员权限，具体示例如下：

```
[root@controller ~]# source admin-openrc
```

执行状态检查以确保一切正常，具体示例如下：

```
[root@controller ~]# placement-status upgrade check
+----------------------------------+
| Upgrade Check Results            |
+----------------------------------+
| Check: Missing Root Provider IDs |
| Result: Success                  |
| Details: None                    |
+----------------------------------+
| Check: Incomplete Consumers      |
| Result: Success                  |
| Details: None                    |
+----------------------------------+
```

下面针对API执行一些命令，在此之前需要先安装osc-placement插件，该插件需要通过pip安装，所以需要先安装pip。在安装pip之前需要明确当前系统中Python的版本，CentOS 7的环境是Python 2.x，CentOS 8的环境是Python 3.x，需要安装pip3。此处使用的是CentOS 7.5，其自带的环境是Python 2.7，而Python 2.7只支持20.3以下版本的pip。

明确了当前系统中的Python版本能够兼容的pip后，从官网下载对应版本的pip。pip包下载完成后，解压软件包，并执行其中的安装脚本，具体示例如下：

```
[root@controller ~]# tar -zxvf pip-20.2.4.tar.gz
[root@controller ~]# cd pip-20.2.4
[root@controller pip-20.2.4 ~]# python setup.py install
```

pip安装完成后，可通过pip安装osc-placement插件，具体示例如下：

```
[root@controller ~]# pip install osc-placement
```

osc-placement插件安装完成后，执行命令，列出可用的资源类与特征。需要注意的是，这一步可能会发送报错，报错内容如下：

```
Expecting value: line 1 column 1 (char 0)
```

造成这一报错的主要原因是Apache缺少相应的权限，需要用户手动在配置文件中添加授权内容。打开配置文件，具体示例如下：

```
[root@controller ~]# vim /etc/httpd/conf.d/00-placement-api.conf
```

在文件中添加授权内容，具体示例如下：

```
Listen 8778
```

```
<VirtualHost *:8778>
  WSGIProcessGroup placement-api
  WSGIApplicationGroup %{GLOBAL}
  WSGIPassAuthorization On
  WSGIDaemonProcess placement-api processes=3 threads=1 user=placement group=placement
  WSGIScriptAlias / /usr/bin/placement-api
  <IfVersion >= 2.4>
    ErrorLogFormat "%M"
  </IfVersion>
  ErrorLog /var/log/placement/placement-api.log
  #SSLEngine On
  #SSLCertificateFile ...
  #SSLCertificateKeyFile ...

#以下为授权内容
  <Directory /usr/bin>
    <IfVersion >= 2.4>
      Require all granted
    </IfVersion>
    <IfVersion < 2.4>
      Order allow,deny
      Allow from all
    </IfVersion>
  </Directory>

#授权内容到此结束
</VirtualHost>

Alias /placement-api /usr/bin/placement-api
<Location /placement-api>
  SetHandler wsgi-script
  Options +ExecCGI
  WSGIProcessGroup placement-api
  WSGIApplicationGroup %{GLOBAL}
  WSGIPassAuthorization On
</Location>
```

重新启动Apache，具体示例如下：

```
[root@controller ~]# systemctl restart httpd
```

列出可用资源类与特征，具体示例如下：

```
[root@controller ~]# openstack --os-placement-api-version 1.2 resource class list --sort-column name
+--------------------------------+
```

```
| name                            |
+---------------------------------+
| DISK_GB                         |
| IPV4_ADDRESS                    |
| ...                             |
[root@controller ~]# openstack --os-placement-api-version 1.6 trait list --sort-column name
+---------------------------------+
| name                            |
+---------------------------------+
| COMPUTE_DEVICE_TAGGING          |
| COMPUTE_NET_ATTACH_INTERFACE    |
| ...                             |
```

上述命令执行成功，则表示定位服务部署无误。

任务 4.4　部署计算服务

学习任务

计算（Compute）服务是IaaS系统的主要部分，主要用于托管和管理云计算系统。计算服务与身份认证服务交互进行身份验证，与镜像服务交互进行磁盘镜像请求，与仪表板（DashBoard）交互提供用户与管理员接口，该计算服务的项目名称为Nova。

计算（Compute）服务的组件及其功能见表4.3。

表 4.3　OpenStack 计算服务组件及其功能

组件	功能
nova-api	接收和响应最终用户的计算 API 请求
nova-api-metadata	接收实例发来的元数据请求
nova-compute	通过管理程序 API 创建和终止虚拟机实例的工作守护进程
nova-scheduler	请求的调度器，决定在哪台计算服务主机运行实例
nova-conductor 模块	计算服务和数据库之间的中介交互，隔离了 nova 直接访问数据库的可能
nova-novncproxy 守护进程	提供用于通过 VNC 连接访问正在运行实例的代理
nova-spicehtml5proxy 守护进程	提供用于通过 SPICE 连接访问正在运行实例的代理
队列	在守护进程之间传递消息的中心枢纽
SQL 数据库	存储云基础架构的大多数构建时和运行时状态

Nova分为控制节点和计算节点，在控制节点安装和配置计算服务之前，需要创建数据库、服务凭证和API端点。

在计算服务的部署过程中，读者需要完成以下任务。

任务4.4.1　创建数据库

使用root用户身份登录数据库，具体命令如下所示：

```
[root@controller ~]# mysql -uroot -p123
```

创建nova_api、nova和nova_cell0数据库,具体示例如下:

```
MariaDB [(none)]> create database nova_api;
MariaDB [(none)]> create database nova;
MariaDB [(none)]> create database nova_cell0;
```

对nova_api、nova和nova_cell0数据库授予适当访问权限,具体示例如下:

```
MariaDB [(none)]> grant all privileges on nova_api.* to 'nova'@'localhost' identified by '123';
Query OK, 0 rows affected (0.018 sec)
MariaDB [(none)]> grant all privileges on nova_api.* to 'nova'@'%' identified by '123';
Query OK, 0 rows affected (0.000 sec)

MariaDB [(none)]> grant all privileges on nova.* to 'nova'@'localhost' identified by '123';
Query OK, 0 rows affected (0.018 sec)
MariaDB [(none)]> grant all privileges on nova.* to 'nova'@'%' identified by '123';
Query OK, 0 rows affected (0.000 sec)

MariaDB [(none)]> grant all privileges on nova_cell0.* to 'nova'@'localhost' identified by '123';
Query OK, 0 rows affected (0.018 sec)
MariaDB [(none)]> grant all privileges on nova_cell0.* to 'nova'@'%' identified by '123';
Query OK, 0 rows affected (0.000 sec)
```

授权完成后,退出数据库,具体示例如下:

```
MariaDB [(none)]> exit
```

任务4.4.2 配置用户与终端节点

配置用户和端点,获得admin凭证用于获取管理员权限,具体示例如下:

```
[root@controller ~]# source admin-openrc
```

创建一个计算服务用户,具体示例如下。

```
[root@controller ~]# openstack user create --domain default --password-prompt nova
User Password:
Repeat User Password:
+---------------------+----------------------------------+
| Field               | Value                            |
+---------------------+----------------------------------+
| domain_id           | default                          |
| enabled             | True                             |
| id                  | 5d1f5b025ea34576881a4f7a6ea936fd |
```

```
| name               | nova                             |
| options            | {}                               |
| password_expires_at| None                             |
+--------------------+----------------------------------+
```

将计算服务用户添加到具有admin角色的服务项目，具体示例如下：

[root@controller ~]# openstack role add --project service --user nova admin

在服务目录中创建计算服务API，具体示例如下：

[root@controller ~]# openstack service create --name nova --description "OpenStack Compute" compute

```
+-------------+----------------------------------+
| Field       | Value                            |
+-------------+----------------------------------+
| description | OpenStack Compute                |
| enabled     | True                             |
| id          | 3f35504eeb644a2bbd212c5eda95563f |
| name        | nova                             |
| type        | compute                          |
+-------------+----------------------------------+
```

创建计算服务API端点，具体示例如下：

[root@controller ~]# openstack endpoint create --region RegionOne compute public http://controller:8774/v2.1

```
+--------------+----------------------------------+
| Field        | Value                            |
+--------------+----------------------------------+
| enabled      | True                             |
| id           | 9078ff88ef114665aeeecd7d6b48f0b9 |
| interface    | public                           |
| region       | RegionOne                        |
| region_id    | RegionOne                        |
| service_id   | 3f35504eeb644a2bbd212c5eda95563f |
| service_name | nova                             |
| service_type | compute                          |
| url          | http://controller:8774/v2.1      |
+--------------+----------------------------------+
```

[root@controller ~]# openstack endpoint create --region RegionOne compute internal http://controller:8774/v2.1

```
+--------------+----------------------------------+
| Field        | Value                            |
+--------------+----------------------------------+
```

```
| enabled         | True                                  |
| id              | 3f35504eeb644a2bbd212c5eda95563f      |
| interface       | internal                              |
| region          | RegionOne                             |
| region_id       | RegionOne                             |
| service_id      | 3f35504eeb644a2bbd212c5eda95563f      |
| service_name    | nova                                  |
| service_type    | compute                               |
| url             | http://controller:8774/v2.1           |
+-----------------+---------------------------------------+

[root@controller ~]# openstack endpoint create --region RegionOne compute admin http://controller:8774/v2.1
+-----------------+---------------------------------------+
| Field           | Value                                 |
+-----------------+---------------------------------------+
| enabled         | True                                  |
| id              | 92cbbc96ac97439facf497a46885c7a3      |
| interface       | admin                                 |
| region          | RegionOne                             |
| region_id       | RegionOne                             |
| service_id      | 3f35504eeb644a2bbd212c5eda95563f      |
| service_name    | nova                                  |
| service_type    | compute                               |
| url             | http://controller:8774/v2.1           |
+-----------------+---------------------------------------+
```

任务4.4.3 安装与配置服务

安装计算服务组件软件包，具体示例如下：

```
[root@controller ~]# yum install openstack-nova-api openstack-nova-conductor openstack-nova-novncproxy openstack-nova-scheduler
```

编辑配置文件/etc/nova/nova.conf，配置数据库访问，在[DEFAULT]模块中，仅启用计算和元数据API，具体示例如下：

```
[DEFAULT]
# ...
enabled_apis = osapi_compute,metadata
```

在[api_database]和[database]模块中，配置数据库访问，具体示例如下：

```
[api_database]
# ...
```

```
connection = mysql+pymysql://nova:123@controller/nova_api

[database]
# ...
connection = mysql+pymysql://nova:123@controller/nova
```

在[DEFAULT]模块中，配置RabbitMQ消息队列访问，具体示例如下：

```
[DEFAULT]
# ...
transport_url = rabbit://openstack:123@controller:5672/
```

在[api]和[keystone_authtoken]模块中，配置身份认证服务访问，具体示例如下：

```
[api]
# ...
auth_strategy = keystone

[keystone_authtoken]
# ...
www_authenticate_uri = http://controller:5000/
auth_url = http://controller:5000/
memcached_servers = controller:11211
auth_type = password
project_domain_name = Default
user_domain_name = Default
project_name = service
username = nova
#配置密码
password = 123
```

在[DEFAULT]模块中，配置my_ip选项以使用控制器节点的管理接口IP地址，具体示例如下：

```
[DEFAULT]
# ...
#修改为本地IP地址
my_ip = 192.168.2.161
```

在[DEFAULT]模块中，启用对网络服务的支持，具体示例如下：

```
[DEFAULT]
# ...
use_neutron = true
firewall_driver = nova.virt.firewall.NoopFirewallDriver
```

在[vnc]模块中，配置VNC代理使用控制节点的管理接口IP地址，具体示例如下：

```
[vnc]
enabled = true
```

```
# ...
#修改为本地IP地址
server_listen = 192.168.2.161
server_proxyclient_address = 192.168.2.161
```

在[glance]模块中,配置镜像服务API的位置,具体示例如下:

```
[glance]
# ...
api_servers = http://controller:9292
```

在[oslo_concurrency]模块中,配置锁路径,具体示例如下:

```
[oslo_concurrency]
# ...
lock_path = /var/lib/nova/tmp
```

在[placement]模块中,配置对Placement服务的访问,具体示例如下:

```
[placement]
# ...
region_name = RegionOne
project_domain_name = Default
project_name = service
auth_type = password
user_domain_name = Default
auth_url = http://controller:5000/v3
username = placement
#配置密码
password = 123
```

将信息同步到nova_api数据库,具体示例如下:

```
[root@controller ~]# su -s /bin/sh -c "nova-manage api_db sync" nova
```

注册cell0数据库,具体示例如下:

```
[root@controller ~]# su -s /bin/sh -c "nova-manage cell_v2 map_cell0" nova
```

创建cell1单元格,具体示例如下:

```
[root@controller ~]# su -s /bin/sh -c "nova-manage cell_v2 create_cell --name=cell1 --verbose" nova
25c56040-73f6-479f-93b1-dd5b7ff16a87
```

将信息同步到nova数据库,具体示例如下:

```
[root@controller ~]# su -s /bin/sh -c "nova-manage db sync" nova
```

验证nova cell0和cell1是否被正确注册,具体示例如图4.2所示。

```
[root@controller ~]# su -s /bin/sh -c "nova-manage cell_v2 list_cells" nova
+-------+--------------------------------------+-------------------------------------+------------------------------------------------+----------+
| 名称  | UUID                                 | Transport URL                       | 数据库 连接                                    | Disabled |
+-------+--------------------------------------+-------------------------------------+------------------------------------------------+----------+
| cell0 | 00000000-0000-0000-0000-000000000000 | none:/                              | mysql+pymysql://nova:****@controller/nova_cell0| False    |
| cell1 | 9f3edfcf-5108-4472-9415-820db3960828 | rabbit://openstack:****@controller:5672/| mysql+pymysql://nova:****@controller/nova  | False    |
+-------+--------------------------------------+-------------------------------------+------------------------------------------------+----------+
```

图 4.2 验证 nova cell0 和 cell1 是否被正确注册

启动计算服务并将它们配置为在系统启动时启动，具体示例如下：

```
[root@controller ~]# systemctl enable openstack-nova-api.service openstack-nova-scheduler.service openstack-nova-conductor.service openstack-nova-novncproxy.service

[root@controller ~]# systemctl start openstack-nova-api.service openstack-nova-scheduler.service openstack-nova-conductor.service openstack-nova-novncproxy.service
```

任务4.4.4 计算节点部署

计算服务支持多种虚拟化方式和管理程序用于部署实例，在计算节点安装和配置计算服务。在计算节点安装计算服务软件包，具体示例如下：

```
[root@compute ~]# yum install openstack-nova-compute
```

编辑配置文件/etc/nova/nova.conf，在[DEFAULT]模块中，仅启用计算和元数据API，具体示例如下：

```
[DEFAULT]
# ...
enabled_apis = osapi_compute,metadata
```

在[DEFAULT]模块中，配置RabbitMQ消息队列访问，具体示例如下：

```
[DEFAULT]
# ...
transport_url = rabbit://openstack:123@controller
```

在[api]和[keystone_authtoken]模块中，配置身份认证服务访问，具体示例如下：

```
[api]
# ...
auth_strategy = keystone

[keystone_authtoken]
# ...
www_authenticate_uri = http://controller:5000/
auth_url = http://controller:5000/
memcached_servers = controller:11211
auth_type = password
```

```
project_domain_name = Default
user_domain_name = Default
project_name = service
username = nova
password = 123
```

在[DEFAULT]模块中，配置my_ip选项，具体示例如下：

```
[DEFAULT]
# ...
my_ip = 192.168.2.162
```

在[DEFAULT]模块中，启用对网络服务的支持，具体示例如下：

```
[DEFAULT]
# ...
use_neutron = true
firewall_driver = nova.virt.firewall.NoopFirewallDriver
```

在[vnc]模块中，启用和配置远程控制台访问，具体示例如下：

```
[vnc]
# ...
enabled = true
server_listen = 0.0.0.0
server_proxyclient_address = 192.168.2.162
novncproxy_base_url = http://controller:6080/vnc_auto.html
```

在[glance]模块中，配置镜像服务API的位置，具体示例如下：

```
[glance]
# ...
api_servers = http://controller:9292
```

在[oslo_concurrency]模块中，配置锁定路径，具体示例如下：

```
[oslo_concurrency]
# ...
lock_path = /var/lib/nova/tmp
```

在[placement]模块中，配置Placement API，具体示例如下：

```
[placement]
# ...
region_name = RegionOne
project_domain_name = Default
project_name = service
auth_type = password
user_domain_name = Default
auth_url = http://controller:5000/v3
```

```
username = placement
password = 123
```

进一步验证计算节点是否支持虚拟机的硬件加速，具体示例如下：

```
[root@compute ~]# egrep -c '(vmx|svm)' /proc/cpuinfo
0
```

如果上述命令返回了一个或多个值，说明计算节点支持硬件加速并且不需要额外的配置；如果返回了0值，说明计算节点不支持硬件加速，则需要配置libvirt（虚拟化管理软件）模块，声明使用QEMU（虚拟操作系统模拟器）代替KVM（多计算机切换器）。

编辑配置文件/etc/nova/nova.conf中的[libvirt]模块，具体示例如下：

```
[libvirt]
# ...
virt_type = qemu
```

启动计算服务及其依赖项，并配置为在系统启动时自启动，具体示例如下：

```
[root@compute ~]# systemctl enable libvirtd.service openstack-nova-compute.service
Created symlink from /etc/systemd/system/multi-user.target.wants/openstack-nova-compute.service to /usr/lib/systemd/system/openstack-nova-compute.service.
[root@compute ~]# systemctl start libvirtd.service openstack-nova-compute.service
```

由上述结果可知，在计算节点上已经完成了计算服务的安装和配置。

在控制节点获得admin凭证用于获取管理员权限，将计算服务添加到cell数据库中，具体示例如图4.3所示。

```
[root@controller ~]# source admin-openrc
[root@controller ~]# openstack compute service list --service nova-compute
+----+--------------+---------+------+---------+-------+----------------------------+
| ID | Binary       | Host    | Zone | Status  | State | Updated At                 |
+----+--------------+---------+------+---------+-------+----------------------------+
| 5  | nova-compute | compute | nova | enabled | up    | 2021-09-05T08:03:40.000000 |
+----+--------------+---------+------+---------+-------+----------------------------+
```

图 4.3　将计算服务添加到 cell 数据库中

控制主机寻找计算主机，具体示例如下：

```
[root@controller ~]# su -s /bin/sh -c "nova-manage cell_v2 discover_hosts --verbose" nova
Found 2 cell mappings.
Skipping cell0 since it does not contain hosts.
Getting computes from cell 'cell1': 8cb364c6-72ca-4efe-95d6-7ecf046c6f4b
Checking host mapping for compute host 'compute': ac28333b-c374-42de-ae7a-886b29e95ccf
Creating host mapping for compute host 'compute': ac28333b-c374-42de-ae7a-886b29e95ccf
Found 1 unmapped computes in cell: 8cb364c6-72ca-4efe-95d6-7ecf046c6f4b
```

任务4.4.5 验证操作

验证计算服务是否安装配置成功,获得admin凭证用于获取管理员权限,具体示例如下:

```
[root@controller ~]# source admin-openrc
```

列出服务组件用于验证每个进程是否成功启动和注册,具体示例如下:

```
[root@controller ~]# openstack compute service list
+-----+---------------+------------+---------+--------+-------+----------------------------+
| ID  | Binary        | Host       | Zon     | Status | State | Updated At                 |
+-----+---------------+------------+---------+--------+-------+----------------------------+
| 1   | nova-conductor| controller | internal| enabled| up    | 2021-09-05T08:38:40.000000 |
| 2   | nova-scheduler| controller | internal| enabled| up    | 2021-09-05T08:38:41.000000 |
| 5   | nova-compute  | compute    | nova    | enabled| up    | 2021-09-05T08:38:41.000000 |
+-----+---------------+------------+---------+--------+-------+----------------------------+
```

列出身份认证服务中的API端点,用于验证是否与身份认证服务连接,具体示例如下:

```
[root@controller ~]# openstack catalog list
+-----------+-----------+-----------------------------------------+
| Name      | Type      | Endpoints                               |
+-----------+-----------+-----------------------------------------+
| keystone  | identity  | RegionOne                               |
|           |           |   public: http://controller:5000/v3/    |
|           |           | RegionOne                               |
|           |           |   internal: http://controller:5000/v3/  |
|           |           | RegionOne                               |
|           |           |   admin: http://controller:5000/v3/     |
|           |           |                                         |
| placement | placement | RegionOne                               |
|           |           |   public: http://controller:8778        |
|           |           | RegionOne                               |
|           |           |   internal: http://controller:8778      |
|           |           | RegionOne                               |
|           |           |   admin: http://controller:8778         |
|           |           |                                         |
| nova      | compute   | RegionOne                               |
|           |           |   internal: http://controller:8774/v2.1 |
|           |           | RegionOne                               |
|           |           |   public: http://controller:8774/v2.1   |
|           |           | RegionOne                               |
|           |           |   admin: http://controller:8774/v2.1    |
|           |           |                                         |
| glance    | image     | RegionOne                               |
|           |           |   internal: http://controller:9292      |
```

```
|           |           |           | RegionOne                              |
|           |           |           |   public: http://controller:9292        |
|           |           |           | RegionOne                              |
|           |           |           |   admin: http://controller:9292         |
|           |           |           |                                         |
+-----------+-----------+------------+-----------------------------------------+
```

列出镜像服务中的图像,用于验证是否与镜像服务连接,具体示例如下:

```
[root@controller ~]# openstack image list
+--------------------------------------+--------+--------+
| ID                                   | Name   | Status |
+--------------------------------------+--------+--------+
| 188c4529-300c-4872-9a05-99ab91c0a189 | cirros | active |
+--------------------------------------+--------+--------+
```

检查单元和定位API是否成功运行,以及确保其他必要的先决条件是否满足,具体示例如下:

```
[root@controller ~]# nova-status upgrade check
+--------------------------------+
| Upgrade Check Results          |
+--------------------------------+
| Check: Cells v2                |
| Result: Success                |
| Details: None                  |
+--------------------------------+
| Check: Placement API           |
| Result: Success                |
| Details: None                  |
+--------------------------------+
| Check: Ironic Flavor Migration |
| Result: Success                |
| Details: None                  |
+--------------------------------+
| Check: Cinder API              |
| Result: Success                |
| Details: None                  |
+--------------------------------+
```

任务 4.5　部署网络服务

学习任务

在实际的物理环境中,网络是由集线器或者交换机将多个计算机或服务器连接形成。在OpenStack网络（Networking）服务中，多个云主机也可以通过网络连接起来。换言之，网络服务是一种网络虚拟化技术，为OpenStack的其他服务提供了网络连接服务。网络服务需要创建和管理网络、交换机、子网和路由器等虚拟网络基础架构，使用户通过一个API在云中建立和定义网络连接，该网络服务的项目名称为Neutron。

一个外部网络、一个内部网络和路由器组成了一个基本的Neutron网络结构。外部网络指的是所有项目之外的公共网络，不受Neutron的直接管理；内部网络指的是虚拟机实例所在的私有网络，可以由用户自己创建，受Neutron的直接管理和配置；路由器可以使内部网络和外部网络连接起来。

网络服务的组件及其功能见表4.4。

表 4.4　OpenStack 网络服务组件及其功能

组　　件	功　　能
neutron-server	接收和路由 API 请求到合适的 OpenStack 网络插件
OpenStack 网络插件和代理	把要创建的网络信息（如名称、VLAN ID 等）保存到数据库，并通过消息队列通知运行在各节点上的代理
消息队列	用于在 neutron-server 和各种各样的代理进程间路由信息，也为某些特定的插件扮演数据库的角色，以存储网络状态

在部署网络服务的过程中，读者需要完成以下任务。

任务4.5.1　环境部署

在配置OpenStack网络服务之前，需要创建数据库、服务凭证和API端点。

在控制节点使用数据库访问客户端以root用户身份连接数据库服务器，具体示例如下：

```
[root@controller ~]# mysql -u root -p123
```

创建neutron数据库，具体示例如下：

```
MariaDB [(none)]> create database neutron;
```

对neutron数据库授予适当的访问权限，具体示例如下：

```
MariaDB [(none)]> grant all privileges on neutron.* to 'neutron'@'localhost' identified by '123';
Query OK, 0 rows affected (0.012 sec)

MariaDB [(none)]> grant all privileges on neutron.* to 'neutron'@'%' identified by '123';
Query OK, 0 rows affected (0.000 sec)
```

获得admin凭证用于获取管理员权限，具体示例如下：

```
[root@controller ~]# source admin-openrc
```

创建一个网络服务neutron用户，具体示例如下：

```
[root@controller~]# openstack user create --domain default --password-prompt neutron
User Password:
Repeat User Password:
```

```
+---------------------+----------------------------------+
| Field               | Value                            |
+---------------------+----------------------------------+
| domain_id           | default                          |
| enabled             | True                             |
| id                  | c02d02e643094a06b7f4d2480a64eaab |
| name                | neutron                          |
| options             | {}                               |
| password_expires_at | None                             |
+---------------------+----------------------------------+
```

将网络服务neutron用户添加到具有admin角色的服务项目，具体示例如下：

```
[root@controller ~]# openstack role add --project service --user neutron admin
```

创建neutron服务实体，具体示例如下：

```
[root@controller ~]# openstack service create --name neutron --description "OpenStack Networking" network
+-------------+----------------------------------+
| Field       | Value                            |
+-------------+----------------------------------+
| description | OpenStack Networking             |
| enabled     | True                             |
| id          | 9127b90902b343efa417ee93ea2a709a |
| name        | neutron                          |
| type        | network                          |
+-------------+----------------------------------+
```

创建网络服务API端点，具体示例如下：

```
[root@controller ~]# openstack endpoint create --region RegionOne network public http://controller:9696
+--------------+----------------------------------+
| Field        | Value                            |
+--------------+----------------------------------+
| enabled      | True                             |
| id           | 5a3d8feb4aad4dfd98424dc112bcc151 |
| interface    | public                           |
| region       | RegionOne                        |
| region_id    | RegionOne                        |
| service_id   | 9127b90902b343efa417ee93ea2a709a |
| service_name | neutron                          |
| service_type | network                          |
| url          | http://controller:9696           |
+--------------+----------------------------------+
```

```
[root@controller ~]# openstack endpoint create --region RegionOne network
internal http://controller:9696
+--------------+----------------------------------+
| Field        | Value                            |
+--------------+----------------------------------+
| enabled      | True                             |
| id           | c585760abb754b799466ef36f6945c24 |
| interface    | internal                         |
| region       | RegionOne                        |
| region_id    | RegionOne                        |
| service_id   | 9127b90902b343efa417ee93ea2a709a |
| service_name | neutron                          |
| service_type | network                          |
| url          | http://controller:9696           |
+--------------+----------------------------------+

[root@controller ~]# openstack endpoint create --region RegionOne network admin
http://controller:9696
+--------------+----------------------------------+
| Field        | Value                            |
+--------------+----------------------------------+
| enabled      | True                             |
| id           | ee40f2aab2d64194b53247d1751f8f9e |
| interface    | admin                            |
| region       | RegionOne                        |
| region_id    | RegionOne                        |
| service_id   | 9127b90902b343efa417ee93ea2a709a |
| service_name | neutron                          |
| service_type | network                          |
| url          | http://controller:9696           |
+--------------+----------------------------------+
```

任务4.5.2 控制节点部署

本书对网络服务选择部署最简单的架构,该架构仅支持将实例附加到提供商(外部)网络,不包含私有网络、路由器或浮动IP地址。

安装网络组件,具体示例如下:

```
[root@controller ~]# yum install openstack-neutron openstack-neutron-ml2
openstack-neutron-linuxbridge ebtables
```

1. 配置服务器组件

编辑/etc/neutron/neutron.conf文件,在[database]模块中,配置数据库访问,具体示例如下:

```
[database]
# ...
connection = mysql+pymysql://neutron:NEUTRON_DBPASS@controller/neutron
```

在上述部分中,NEUTRON_DBPASS替换为先前设置的数据库密码:

在[DEFAULT]模块中,启用ML2(Modular Layer 2,模块化第2层)插件并禁止使用其他插件,具体示例如下:

```
[DEFAULT]
# ...
core_plugin = ml2
service_plugins =
```

在[DEFAULT]模块中,配置RabbitMQ消息队列访问,具体示例如下:

```
[DEFAULT]
# ...
transport_url = rabbit://openstack:RABBIT_PASS@controller
```

在上述部分中,RABBIT_PASS替换为在RabbitMQ中设置的密码。

在[DEFAULT]和[keystone_authtoken]模块中,配置身份认证服务访问,具体示例如下:

```
[DEFAULT]
# ...
auth_strategy = keystone

[keystone_authtoken]
# ...
www_authenticate_uri = http://controller:5000
auth_url = http://controller:5000
memcached_servers = controller:11211
auth_type = password
project_domain_name = default
user_domain_name = default
project_name = service
username = neutron
password = NEUTRON_PASS
```

在上述部分中,NEUTRON_PASS替换为在身份认证服务中为neutron设置的密码。

在[DEFAULT]和[nova]模块中,配置网络服务用于通知计算节点的网络拓扑更改信息,具体示例如下:

```
[DEFAULT]
# ...
notify_nova_on_port_status_changes = true
notify_nova_on_port_data_changes = true
```

```
[nova]
# ...
auth_url = http://controller:5000
auth_type = password
project_domain_name = default
user_domain_name = default
region_name = RegionOne
project_name = service
username = nova
password = NOVA_PASS
```

在上述部分中，NOVA_PASS替换为在计算服务中为nova用户设置的密码。

在[oslo_concurrency]模块中，配置锁定路径，具体示例如下：

```
[oslo_concurrency]
# ...
lock_path = /var/lib/neutron/tmp
```

2. 配置模块化第2层（ML2）插件

ML2插件使用Linux桥接机制为实例构建第2层（桥接和交换）虚拟网络基础设施。

编辑/etc/neutron/plugins/ml2/ml2_conf.ini文件，在[ml2]模块中，开启平面和VLAN网络，具体示例如下：

```
[ml2]
# ...
type_drivers = flat,vlan
```

在[ml2]模块中，禁止使用自助服务网络，具体示例如下：

```
[ml2]
# ...
tenant_network_types =
```

在[ml2]模块中，开启Linux桥接机制，具体示例如下：

```
[ml2]
# ...
mechanism_drivers = linuxbridge
```

在[ml2]模块中，开启端口安全扩展驱动程序，具体示例如下：

```
[ml2]
# ...
extension_drivers = port_security
```

在[ml2_type_flat]模块中，把公共虚拟网络配置为平面网络，具体示例如下：

```
[ml2_type_flat]
# ...
flat_networks = provider
```

在[securitygroup]模块中，启用ipset（iptables的一个扩展）以提高安全组规则的效率，具体示例如下：

```
[securitygroup]
# ...
enable_ipset = true
```

3. 配置 Linux 桥接代理

Linux桥接代理为实例构建第2层（桥接和交换）虚拟网络基础架构并处理安全组。

编辑/etc/neutron/plugins/ml2/linuxbridge_agent.ini文件，在[linux_bridge]模块中，把公共虚拟网络和公共物理网络接口进行对接，具体示例如下：

```
[linux_bridge]
physical_interface_mappings = provider:PROVIDER_INTERFACE_NAME
```

在上述部分中，将PROVIDER_INTERFACE_NAME替换为底层的公共物理网络接口的名称。

在[vxlan]模块中，禁止VXLAN覆盖网络，具体示例如下：

```
[vxlan]
enable_vxlan = false
```

在[securitygroup]模块中，开启安全组并配置Linux桥接iptables防火墙驱动程序，具体示例如下：

```
[securitygroup]
# ...
enable_security_group = true
firewall_driver = neutron.agent.linux.iptables_firewall.IptablesFirewallDriver
```

4. 配置 DHCP 代理

DHCP代理的作用是为虚拟网络提供DHCP服务。

编辑/etc/neutron/dhcp_agent.ini文件，在[DEFAULT]模块中，配置Linux桥接接口驱动程序、Dnsmasq DHCP驱动程序，并开启使用隔离元数据，以便公共网络上的实例可以通过网络访问元数据，具体示例如下：

```
[DEFAULT]
# ...
interface_driver = linuxbridge
dhcp_driver = neutron.agent.linux.dhcp.Dnsmasq
enable_isolated_metadata = true
```

5. 配置元数据代理

元数据代理用于向实例提供配置信息，例如访问实例的凭据。

编辑/etc/neutron/metadata_agent.ini文件，在[DEFAULT]模块中，配置元数据主机和共享密钥，具体示例如下：

```
[DEFAULT]
```

```
# ...
nova_metadata_host = controller
metadata_proxy_shared_secret = 123
```

在上述部分中，metadata_proxy_shared_secret表示元数据代理的密码。

6. 为计算节点配置网络服务

编辑/etc/nova/nova.conf文件，在[neutron]模块中，配置访问参数，启用元数据代理并配置密钥，具体示例如下：

```
[neutron]
# ...
auth_url = http://controller:5000
auth_type = password
project_domain_name = default
user_domain_name = default
region_name = RegionOne
project_name = service
username = neutron
password = 123
service_metadata_proxy = true
metadata_proxy_shared_secret = 123
```

7. 完成安装

网络服务初始化脚本需要一个超链接/etc/neutron/plugin.ini指向ML2插件的配置文件/etc/neutron/plugins/ml2/ml2_conf.ini。如果此符号链接不存在，那么就需要手动创建，具体示例如下：

```
[root@controller ~]# ln -s /etc/neutron/plugins/ml2/ml2_conf.ini /etc/neutron/plugin.ini
```

将信息同步到数据库，具体示例如下：

```
[root@controller ~]# su -s /bin/sh -c "neutron-db-manage --config-file /etc/neutron/neutron.conf --config-file /etc/neutron/plugins/ml2/ml2_conf.ini upgrade head" neutron
```

重启计算API服务，具体示例如下：

```
[root@controller ~]# systemctl restart openstack-nova-api.service
```

开启网络服务并把它们配置为在系统启动时启动，具体示例如下：

```
[root@controller ~]# systemctl enable neutron-server.service neutron-linuxbridge-agent.service neutron-dhcp-agent.service neutron-metadata-agent.service

[root@controller ~]# systemctl start neutron-server.service neutron-linuxbridge-agent.service neutron-dhcp-agent.service neutron-metadata-agent.service
```

任务4.5.3 计算节点部署

1. 安装组件

计算节点主要用于处理实例的连接和安全组。在计算节点上安装相关组件，具体示例如下：

```
[root@compute ~]# yum install openstack-neutron-linuxbridge ebtables ipset
```

2. 配置通用组件

网络服务公共组件配置包括身份验证机制、消息队列和插件。

编辑/etc/neutron/neutron.conf文件，在[database]模块中，注释掉所有connection选项，因为计算节点不需要直接访问数据库。

在[DEFAULT]模块中，配置RabbitMQ消息队列访问，具体示例如下：

```
[DEFAULT]
# ...
transport_url = rabbit://123@controller
```

在上述部分中，123表示在RabbitMQ设置的密码。

在[DEFAULT]和[keystone_authtoken]模块中，配置身份认证服务访问，具体示例如下：

```
[DEFAULT]
# ...
auth_strategy = keystone

[keystone_authtoken]
# ...
www_authenticate_uri = http://controller:5000
auth_url = http://controller:5000
memcached_servers = controller:11211
auth_type = password
project_domain_name = default
user_domain_name = default
project_name = service
username = neutron
password = 123
```

在[oslo_concurrency]模块中，配置锁定路径，具体示例如下：

```
[oslo_concurrency]
# ...
lock_path = /var/lib/neutron/tmp
```

需要注意的是，此处要选择与控制节点相同的网络选项。

3. 配置网络服务

配置Linux桥接代理，编辑/etc/neutron/plugins/ml2/linuxbridge_agent.ini文件，在[linux_bridge]模块

中，把公共虚拟网络和公共物理网络接口进行对接，具体示例如下：

```
[linux_bridge]
physical_interface_mappings = provider:ens33
```

在上述部分中，ens33表示底层公共物理网络接口的名称。

在[vxlan]模块中，禁用VXLAN覆盖网络，具体示例如下：

```
[vxlan]
enable_vxlan = false
```

在[securitygroup]模块中，开启使用安全组并配置Linux桥接iptables防火墙驱动程序，具体示例如下：

```
[securitygroup]
# ...
enable_security_group = true
firewall_driver = neutron.agent.linux.iptables_firewall.IptablesFirewallDriver
```

4. 为计算节点配置网络服务

编辑/etc/nova/nova.conf文件，在[neutron]模块中配置访问参数，具体示例如下：

```
[neutron]
# ...
auth_url = http://controller:5000
auth_type = password
project_domain_name = default
user_domain_name = default
region_name = RegionOne
project_name = service
username = neutron
password = 123
```

5. 安装完成

重启计算服务，具体示例如下：

```
[root@compute ~]# systemctl restart openstack-nova-compute.service
```

开启Linux桥接代理并将其配置为在系统启动时启动，具体示例如下：

```
[root@compute ~]# systemctl enable neutron-linuxbridge-agent.service
[root@compute ~]# systemctl start neutron-linuxbridge-agent.service
```

任务4.5.4 验证操作

获得admin凭证用于获取管理员权限，具体示例如下：

```
[root@controller ~]# source admin-openrc
```

使用以下命令列出加载的扩展，验证neutron-server进程是否成功启动，具体示例如图4.4所示。

```
[root@controller ~]# openstack extension list --network
+------------------------------------------+-----------------------------+-----------------------------------------------------------------------+
| Name                                     | Alias                       | Description                                                           |
+------------------------------------------+-----------------------------+-----------------------------------------------------------------------+
| Subnet Pool Prefix Operations            | subnetpool-prefix-ops       | Provides support for adjusting the prefix list of subnet pools        |
| Default Subnetpools                      | default-subnetpools         | Provides ability to mark and use a subnetpool as the default.         |
| Network IP Availability                  | network-ip-availability     | Provides IP availability data for each network and subnet.            |
| Network Availability Zone                | network_availability_zone   | Availability zone support for network.                                |
| Subnet Onboard                           | subnet_onboard              | Provides support for onboarding subnets into subnet pools             |
| Network MTU (writable)                   | net-mtu-writable            | Provides a writable MTU attribute for a network resource.             |
| Port Binding                             | binding                     | Expose port bindings of a virtual port to external application        |
| agent                                    | agent                       | The agent management extension.                                       |
| Subnet Allocation                        | subnet_allocation           | Enables allocation of subnets from a subnet pool                      |
| DHCP Agent Scheduler                     | dhcp_agent_scheduler        | Schedule networks among dhcp agents                                   |
| Neutron external network                 | external-net                | Adds external network attribute to network resource.                  |
| Empty String Filtering Extension         | empty-string-filtering      | Allow filtering by attributes with empty string value                 |
| Neutron Service Flavors                  | flavors                     | Flavor specification for Neutron advanced services.                   |
| Network MTU                              | net-mtu                     | Provides MTU attribute for a network resource.                        |
| Availability Zone                        | availability_zone           | The availability zone extension.                                      |
| Quota management support                 | quotas                      | Expose functions for quotas management per tenant                     |
| Tag support for resources with standard attribute: subnet,                                                                                        |
| trunk, network_segment_range, router, network, policy,                                                                                            |
| subnetpool, port, security_group, floatingip | standard-attr-tag       | Enables to set tag on resources with standard attribute.              |
| Availability Zone Filter Extension       | availability_zone_filter    | Add filter parameters to AvailabilityZone resource                    |
| If-Match constraints based on revision_number | revision-if-match      | Extension indicating that If-Match based on revision_number is supported. |
| Filter parameters validation             | filter-validation           | Provides validation on filter parameters.                             |
| Multi Provider Network                   | multi-provider              | Expose mapping of virtual networks to multiple physical networks      |
| Quota details management support         | quota_details               | Expose functions for quotas usage statistics per project              |
| Address scope                            | address-scope               | Address scopes extension.                                             |
| Agent's Resource View Synced to Placement | agent-resources-synced     | Stores success/failure of last sync to Placement                      |
| Subnet service types                     | subnet-service-types        | Provides ability to set the subnet service_types field                |
| Neutron Port MAC address regenerate      | port-mac-address-regenerate | Network port MAC address regenerate                                   |
| Add security_group type to network RBAC  | rbac-security-groups        | Add security_group type to network RBAC                               |
| Provider Network                         | provider                    | Expose mapping of virtual networks to physical networks               |
| Neutron Service Type Management          | service-type                | API for retrieving service providers for Neutron advanced services    |
| Neutron Extra DHCP options               | extra_dhcp_opt              | Extra options configuration for DHCP. For example PXE boot options to |
|                                          |                             |   DHCP clients can be specified (e.g. tftp-server, server-ip-address, bootfile-name) |
| Port filtering on security groups        | port-security-groups-filtering | Provides security groups filtering when listing ports              |
| Resource timestamps                      | standard-attr-timestamp     | Adds created_at and updated_at fields to all Neutron resources that have |
|                                          |                             |   Neutron standard attributes.                                        |
| Resource revision numbers                | standard-attr-revisions     | This extension will display the revision number of neutron resources. |
| Pagination support                       | pagination                  | Extension that indicates that pagination is enabled.                  |
| Sorting support                          | sorting                     | Extension that indicates that sorting is enabled.                     |
| security-group                           | security-group              | The security groups extension.                                        |
| RBAC Policies                            | rbac-policies               | Allows creation and modification of policies that control tenant access to resources. |
| standard-attr-description                | standard-attr-description   | Extension to add descriptions to standard attributes                  |
| IP address substring filtering           | ip-substring-filtering      | Provides IP address substring filtering when listing ports            |
| Port Security                            | port-security               | Provides port security                                                |
| Allowed Address Pairs                    | allowed-address-pairs       | Provides allowed address pairs                                        |
| project_id field enabled                 | project-id                  | Extension that indicates that project_id field is enabled.            |
| Port Bindings Extended                   | binding-extended            | Expose port bindings of a virtual port to external application        |
+------------------------------------------+-----------------------------+-----------------------------------------------------------------------+
```

图 4.4　列出加载的扩展

使用以下命令列出代理用来验证neutron代理是否成功转发，具体示例如图4.5所示。

至此，OpenStack最小化安装完成，用户可通过命令行对其进行管理。

```
[root@controller ~]# openstack network agent list
+--------------------------------------+--------------------+------------+-------------------+-------+-------+---------------------------+
| ID                                   | Agent Type         | Host       | Availability Zone | Alive | State | Binary                    |
+--------------------------------------+--------------------+------------+-------------------+-------+-------+---------------------------+
| 04d08376-8e40-49b1-90a6-3db9949050df | DHCP agent         | controller | nova              | :-)   | UP    | neutron-dhcp-agent        |
| 3fabf2f2-869d-489c-b5cd-52a9bb2457a0 | Metadata agent     | controller | None              | :-)   | UP    | neutron-metadata-agent    |
| 4608ae34-7d72-4365-8db5-e4895b8386d6 | Linux bridge agent | compute    | None              | :-)   | UP    | neutron-linuxbridge-agent |
| 6ed003a1-d711-46c5-94f0-77acef42c0d6 | Linux bridge agent | controller | None              | :-)   | UP    | neutron-linuxbridge-agent |
+--------------------------------------+--------------------+------------+-------------------+-------+-------+---------------------------+
```

图 4.5 验证 neutron 代理是否成功转发

知识拓展

OpenStack 常见组件

OpenStack是一个开源的云计算平台，由多个组件构成。这些组件提供了一个灵活、可扩展的基础设施，使用户可以轻松地构建和管理私有云、公有云和混合云。

其中，OpenStack的核心组件包括Nova、Neutron、Cinder和Glance。Nova提供虚拟机的管理和计算资源的分配，Neutron提供网络管理和虚拟网络的创建和配置，Cinder提供块存储服务，Glance提供镜像服务。

除了核心组件之外，OpenStack还包括了一些其他组件，如Swift提供对象存储服务，Heat提供自动化编排服务，Ceilometer提供计量和监控服务，Trove提供数据库即服务，Sahara提供大数据处理服务等。

这些组件为用户提供了一个完整的云计算平台，可以满足不同的业务需求。同时，由于OpenStack是开源的，用户可以根据自己的需求进行定制和扩展，使其更加适合自己的业务场景。

1. Swift

Swift是一个可扩展的对象存储系统，它提供了高可用性、高性能和高容量的云存储服务。Swift的主要目标是存储和检索大量的非结构化数据，如音频、视频、图片和文本文件等。Swift支持多租户、弹性扩展和数据冗余。它使用分布式架构，使得数据可以被存储在多个节点上，从而提高了数据的可靠性和可用性。Swift的API遵循RESTful原则，可以轻松地与其他OpenStack组件和第三方应用程序集成。

2. Heat

Heat是一个基于模板的自动化部署引擎，它可以用来创建复杂的基础架构和应用程序堆栈。Heat提供了一组定义资源和其依赖关系的模板，可以使用这些模板自动化地部署和管理云基础设施和应用程序。Heat支持多种编程语言和平台，并可以与其他OpenStack组件和第三方工具集成。

3. Ceilometer

Ceilometer是一个用于监测和计量云基础设施资源使用情况的工具。它提供了对云基础设施资源（如实例、存储、网络和负载均衡器等）的实时监测和计量功能。Ceilometer可以将数据输出到各种后端，如数据库、消息队列或者外部系统等。Ceilometer还提供了API，可以用来查询和分析数据。

4. Trove

Trove是一个用于部署和管理数据库服务的工具，它支持多种数据库类型，例如MySQL、PostgreSQL和MongoDB等。Trove可以自动化地部署、配置和管理数据库实例，并提供了API，可以用来管理和监测数据库服务。Trove可以与其他OpenStack组件和第三方工具集成。

5. Sahara

Sahara是一个用于处理大数据的工具，它可以自动化地部署、配置和管理大数据处理集群。Sahara支持多种大数据处理框架，如Hadoop、Spark和Storm等。它提供了API和控制台界面，可以用来管理和监测大数据处理集群。Sahara可以与其他OpenStack组件和第三方工具集成。

项 目 小 结

本项目对OpenStack平台进行了最小化部署，包括身份认证服务、镜像服务、定位服务、计算服务与网络服务。通过本次学习，希望读者能够掌握身份认证服务、镜像服务、定位服务、计算服务与网络服务的部署与验证方式。

项 目 考 核

一、选择题

1. 下列选项中，身份认证服务用于管理权限的对象是（　　）。（2分）
   A. 用户　　　　　B. 租户　　　　　C. 角色　　　　　D. 服务
2. 下列选项中，用于调用镜像的组件是（　　）。（2分）
   A. glance-registry　B. 数据库　　　　C. 元数据　　　　D. glance-api
3. 下列选项中，属于守护进程之间传递信息的枢纽的是（　　）。（2分）
   A. nova-api　　　B. 队列　　　　　C. SQL数据库　　D. nova-compute
4. 下列选项中，用于管理镜像的服务是（　　）。（2分）
   A. Keystone　　　B. Nova　　　　　C. Glance　　　　D. Neutron
5. 下列选项中，用于管理云上实例的服务是（　　）。（2分）
   A. Keystone　　　B. Nova　　　　　C. Glance　　　　D. Neutron

二、操作题

1. 完成身份认证服务的部署与验证操作。（2分）
2. 完成镜像服务的部署与验证操作。（2分）
3. 完成定位服务的部署与验证操作。（2分）
4. 完成计算服务的部署与验证操作。（2分）
5. 完成网络服务的部署与验证操作。（2分）

项目 5

OpenStack 部署校园虚拟实验室

📖 项目描述

随着国内互联网行业的迅速发展,企业对相关人才的需求量不断增加,使高校相关专业也得到了长足发展。同时,高校计算机相关专业对学生动手能力的要求越来越高,也给高校实验室带来了不小的挑战。在传统模式下,大部分课程都需要预先在实验室部署环境,这个过程需要消耗大量人力。另外,集群、大数据等一些技术的出现,使一台主机已经无法满足一些实验的环境需求,并且学生只能在实验课时完成实验任务。提出虚拟实验室方案的目的就是为了解决上述问题,实现实验环境的快速部署,使学生能够随时随地完成实验任务。OpenStack 作为开源软件工具集,自然成为部署虚拟实验室的选项之一。

💻 学习目标

◎ 掌握仪表盘部署与配置
◎ 掌握块存储服务的部署与配置
◎ 掌握创建实例的先决条件与方式
◎ 掌握用户与权限配置

📙 典型任务

◎ 安装仪表盘
◎ 安装块存储服务
◎ 管理普通用户
◎ 在 OpenStack 平台创建实例

项目分析

OpenStack 为用户提供了一系列命令来操作云平台,但这些命令大多都比较烦琐。为了使用户操作更便捷,于是 OpenStack 推出了仪表盘组件,使用户可通过 Web 界面操作云平台,大大降低了操作的复杂度。

在 OpenStack 官方文档中,块存储服务并非是必需的组件,但在大多数实际生产环境中还是需要块存储服务来存储数据。块存储服务主要是为了给 OpenStack 提供存储资源,所以在分布式中通常独立于其他节点。

OpenStack云平台部署完成后，用户可在云平台上创建实例，配置虚拟环境，用于工作或学习。在高校应用中，用户可通过OpenStack部署虚拟环境，简化实验场地与部署操作，大大节省了人力物力。

项目描述

本项目的主要目的是在OpenStack最小化部署完成的基础上，部署OpenStack仪表盘与块存储服务，以及实现校园虚拟实验室的环境搭建。

仪表盘组件的部署方式比较方便，只需要安装软件包后进行简单的配置即可。部署块存储服务之前需要创建数据并授予相关权限，配置用户与终端节点。在配置块存储服务时，用户需要在控制节点与块存储节点中分别配置。

OpenStack用于教学时，可以通过项目创建不同的学科，并分别创建教师用户与学生用户。其中，不同班级的学生可以分为不同的组，通过管理组赋予每个组不同的权限。

在创建云上实例之前，用户需要上传镜像、创建网络、创建实例类型以及配置安全组。如果使用的是虚拟机，那么上传镜像可以从本地Windows上传；如果使用的是Linux主机，那么上传镜像可以从Linux本地上传。创建一个OpenStack网络后，需要继续创建子网，并配置相关属性。在创建实例类型时需要注意磁盘空间与内存大小是否适合当前镜像。用户需要根据实例的应用场景开放安全组的相关协议端口。

本项目的技能描述见表5.1。

表 5.1 项目技能描述

项目名称	任务	技能要求
OpenStack 部署校园虚拟实验室	部署仪表盘	具备 Linux 基础技能，熟悉 OpenStack 核心架构
	部署块存储服务	具备 Linux 基础技能与数据库基础技能，熟悉 OpenStack 核心架构
	部署虚拟实验环境	具备 Linux 基础技能，熟悉 OpenStack 基本功能

任务 5.1 部署仪表盘

学习任务

仪表盘（Dashboard）是一个Web接口，简化了云平台管理员以及用户对不同OpenStack资源以及服务的管理。该仪表盘的项目名称为Horizon，本书部署示例使用的是Apache Web服务器。

Horizon设计和架构的核心价值如下：

① 核心支持：对所有核心OpenStack项目提供开箱即用的支持。
② 可扩展性：任何开发者都能增加组件。
③ 易于管理：架构和代码易于管理，浏览方便。
④ 视图一致：各组件的界面和交互模式保持一致。
⑤ 可兼容性：API向后兼容。
⑥ 易于使用：对界面用户友好。

在部署仪表盘的过程中，读者需要完成以下任务。

任务5.1.1 安装以及配置组件

在控制节点下载安装仪表盘的软件包，具体操作如下：

```
[root@controller ~]# yum install openstack-dashboard -y
```

编辑/etc/openstack-dashboard/local_settings文件，配置仪表盘，在控制节点上使用OpenStack服务，具体操作如下：

```
OPENSTACK_HOST = "controller"
```

在该配置文件中，设置允许主机访问仪表板，具体操作如下：

```
ALLOWED_HOSTS = ['*']
```

在该配置文件中，配置memcached会话存储服务，具体操作如下：

```
SESSION_ENGINE = 'django.contrib.sessions.backends.cache'

CACHES = {
    'default': {
        'BACKEND': 'django.core.cache.backends.memcached.MemcachedCache',
        'LOCATION': 'controller:11211',
    }
}
```

需要注意的是，该文件中只能保留一个会话存储配置，将多余的会话存储配置注释掉。
在该配置文件中，开启使用第三版认证API，具体操作如下：

```
OPENSTACK_KEYSTONE_URL = "http://%s:5000/v3" % OPENSTACK_HOST
```

在该配置文件中，启用对域的支持，具体操作如下：

```
OPENSTACK_KEYSTONE_MULTIDOMAIN_SUPPORT = True
```

在该配置文件中，设置API的版本，具体操作如下：

```
OPENSTACK_API_VERSIONS = {
    "identity": 3,
    "image": 2,
    "volume": 3,
}
```

在该配置文件中，配置Default域为通过仪表板创建的用户的默认域，具体操作如下：

```
OPENSTACK_KEYSTONE_DEFAULT_DOMAIN = "Default"
```

在该配置文件中，配置user为通过仪表板创建的用户的默认角色，具体操作如下：

```
OPENSTACK_KEYSTONE_DEFAULT_ROLE = "user"
```

在该配置文件中，如果选择网络选项1，也就是公共网络，则需要禁用对第3层网络服务的支持，具体操作如下：

```
OPENSTACK_NEUTRON_NETWORK = {
    'enable_router': False,
    'enable_quotas': False,
    'enable_distributed_router': False,
    'enable_ha_router': False,
    'enable_lb': False,
    'enable_firewall': False,
    'enable_vpn': False,
    'enable_fip_topology_check': False,
}
```

在该配置文件中，自定义是否配置时区，具体操作如下：

```
TIME_ZONE = "Asia/Shanghai"
```

此处配置的时区是上海。

在配置文件/etc/httpd/conf.d/openstack-dashboard.conf中，如果不包括以上语句，则需要添加如下内容：

```
WSGIApplicationGroup %{GLOBAL}
```

为了避免报错，给予openstack-dashboard文件权限，具体操作如下：

```
[root@controller ~]# chown -R apache:apache /usr/share/openstack-dashboard/
```

重新启动Web服务器和会话存储服务，具体操作如下：

```
[root@controller ~]# systemctl restart httpd.service memcached.service
```

为了避免报404错误，尝试使用http://IP/dashboard/auth/login/进行访问。如果可以访问，但是显示不正常，可能是css和js文件路径有问题，则需要修改配置文件，具体操作如下：

```
[root@controller ~]# vi /etc/httpd/conf.d/openstack-dashboard.conf

#WSGIScriptAlias /dashboard /usr/share/openstack-dashboard/openstack_dashboard/wsgi/django.wsgi
    WSGIScriptAlias / /usr/share/openstack-dashboard/openstack_dashboard/wsgi/django.wsgi
    #Alias /dashboard/static /usr/share/openstack-dashboard/static
    Alias /static /usr/share/openstack-dashboard/static
[root@controller ~]# systemctl restart httpd
```

任务5.1.2 验证操作

为了验证仪表盘是否安装配置成功，使用Web浏览器访问仪表板http://controller/dashboard，如图5.1所示。

图 5.1　OpenStack 登录界面

输入default域凭证、用户名和密码登录Horizon Web管理界面，即可进一步进行各种操作。用户名与密码在admin-openrc文件的环境变量中。

OpenStack管理界面如图5.2所示。

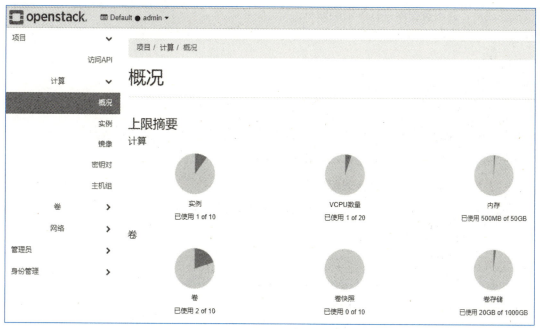

图 5.2　OpenStack 管理界面

任务 5.2 部署块存储服务

学习任务

块存储服务（Cinder）使虚拟机能够实现持久性存储。块存储提供用于管理卷的基础架构，并与 OpenStack 计算进行交互，向实例提供存储卷。该服务还支持管理卷快照和卷类型。

在部署块存储服务的过程中，读者需要完成以下任务。

任务 5.2.1 创建数据库

使用 root 用户身份登录数据库，具体示例如下：

```
[root@controller ~]# mysql -uroot -p123
```

创建 cinder 数据库，具体示例如下：

```
MariaDB [(none)]> CREATE DATABASE cinder;
```

对 cinder 数据库授予适当访问权限，具体示例如下：

```
MariaDB [(none)]> GRANT ALL PRIVILEGES ON cinder.* TO 'cinder'@'localhost' \
    IDENTIFIED BY '123';
MariaDB [(none)]> GRANT ALL PRIVILEGES ON cinder.* TO 'cinder'@'%' \
    IDENTIFIED BY '123';
```

授权完成后，退出数据库，具体示例如下：

```
MariaDB [(none)]> exit
```

任务 5.2.2 配置用户与终端节点

在控制节点配置用户和端点，获得 admin 凭证用于获取管理员权限，具体示例如下：

```
[root@controller ~]# source admin-openrc
```

创建一个块存储服务用户，具体示例如下：

```
[root@controller ~]# openstack user create --domain default\ --password-prompt cinder
User Password:
Repeat User Password:
+---------------------+----------------------------------+
| Field               | Value                            |
+---------------------+----------------------------------+
| domain_id           | default                          |
| enabled             | True                             |
| id                  | 9d7e33de3e1a498390353819bc7d245d |
```

```
| name               | cinder |
| options            | {}     |
| password_expires_at| None   |
```

将块存储服务用户添加到具有admin角色的服务项目，具体示例如下：

```
[root@controller ~]# openstack role add --project service --user cinder admin
```

创建块存储服务实体，具体示例如下：

```
[root@controller ~]# openstack service create --name cinderv2 \
  --description "OpenStack Block Storage" volumev2

+-------------+----------------------------------+
| Field       | Value                            |
+-------------+----------------------------------+
| description | OpenStack Block Storage          |
| enabled     | True                             |
| id          | eb9fd245bdbc414695952e93f29fe3ac |
| name        | cinderv2                         |
| type        | volumev2                         |
+-------------+----------------------------------+

[root@controller ~]# openstack service create --name cinderv3 \
  --description "OpenStack Block Storage" volumev3

+-------------+----------------------------------+
| Field       | Value                            |
+-------------+----------------------------------+
| description | OpenStack Block Storage          |
| enabled     | True                             |
| id          | ab3bbbef780845a1a283490d281e7fda |
| name        | cinderv3                         |
| type        | volumev3                         |
+-------------+----------------------------------+
```

创建块存储服务API终端节点，具体示例如下：

```
[root@controller ~]# openstack endpoint create --region RegionOne \
  volumev2 public http://controller:8776/v2/%\(project_id\)s

+-------------+----------------------------------+
| Field       | Value                            |
+-------------+----------------------------------+
| enabled     | True                             |
| id          | 513e73819e14460fb904163f41ef3759 |
| interface   | public                           |
```

```
| region          | RegionOne                                   |
| region_id       | RegionOne                                   |
| service_id      | eb9fd245bdbc414695952e93f29fe3ac            |
| service_name    | cinderv2                                    |
| service_type    | volumev2                                    |
| url             | http://controller:8776/v2/%(project_id)s    |
+-----------------+---------------------------------------------+

[root@controller ~]# openstack endpoint create --region RegionOne \
  volumev2 internal http://controller:8776/v2/%\(project_id\)s

+-----------------+---------------------------------------------+
| Field           | Value                                       |
+-----------------+---------------------------------------------+
| enabled         | True                                        |
| id              | 6436a8a23d014cfdb69c586eff146a32            |
| interface       | internal                                    |
| region          | RegionOne                                   |
| region_id       | RegionOne                                   |
| service_id      | eb9fd245bdbc414695952e93f29fe3ac            |
| service_name    | cinderv2                                    |
| service_type    | volumev2                                    |
| url             | http://controller:8776/v2/%(project_id)s    |
+-----------------+---------------------------------------------+

[root@controller ~]# openstack endpoint create --region RegionOne \
  volumev2 admin http://controller:8776/v2/%\(project_id\)s

+-----------------+---------------------------------------------+
| Field           | Value                                       |
+-----------------+---------------------------------------------+
| enabled         | True                                        |
| id              | e652cf84dd334f359ae9b045a2c91d96            |
| interface       | admin                                       |
| region          | RegionOne                                   |
| region_id       | RegionOne                                   |
| service_id      | eb9fd245bdbc414695952e93f29fe3ac            |
| service_name    | cinderv2                                    |
| service_type    | volumev2                                    |
| url             | http://controller:8776/v2/%(project_id)s    |
+-----------------+---------------------------------------------+

[root@controller ~]# openstack endpoint create --region RegionOne \
  volumev3 public http://controller:8776/v3/%\(project_id\)s
```

```
+---------------+-----------------------------------------+
| Field         | Value                                   |
+---------------+-----------------------------------------+
| enabled       | True                                    |
| id            | 03fa2c90153546c295bf30ca86b1344b        |
| interface     | public                                  |
| region        | RegionOne                               |
| region_id     | RegionOne                               |
| service_id    | ab3bbbef780845a1a283490d281e7fda        |
| service_name  | cinderv3                                |
| service_type  | volumev3                                |
| url           | http://controller:8776/v3/%(project_id)s |
+---------------+-----------------------------------------+

[root@controller ~]# openstack endpoint create --region RegionOne \
  volumev3 internal http://controller:8776/v3/%\(project_id\)s

+---------------+-----------------------------------------+
| Field         | Value                                   |
+---------------+-----------------------------------------+
| enabled       | True                                    |
| id            | 94f684395d1b41068c70e4ecb11364b2        |
| interface     | internal                                |
| region        | RegionOne                               |
| region_id     | RegionOne                               |
| service_id    | ab3bbbef780845a1a283490d281e7fda        |
| service_name  | cinderv3                                |
| service_type  | volumev3                                |
| url           | http://controller:8776/v3/%(project_id)s |
+---------------+-----------------------------------------+

[root@controller ~]# openstack endpoint create --region RegionOne \
  volumev3 admin http://controller:8776/v3/%\(project_id\)s

+---------------+-----------------------------------------+
| Field         | Value                                   |
+---------------+-----------------------------------------+
| enabled       | True                                    |
| id            | 4511c28a0f9840c78bacb25f10f62c98        |
| interface     | admin                                   |
| region        | RegionOne                               |
| region_id     | RegionOne                               |
```

```
| service_id   | ab3bbbef780845a1a283490d281e7fda       |
| service_name | cinderv3                                |
| service_type | volumev3                                |
| url          | http://controller:8776/v3/%(project_id)s |
+--------------+-----------------------------------------+
```

任务5.2.3 安装与配置控制节点服务

在控制节点，安装块存储服务组件软件包，具体示例如下：

```
[root@controller ~]# yum install openstack-cinder
```

编辑配置文件/etc/cinder/cinder.conf，在[database]模块中配置数据库访问，具体示例如下：

```
[database]
# ...
connection = mysql+pymysql://cinder:123@controller/cinder
```

在[database]模块中配置消息队列访问，具体示例如下：

```
[DEFAULT]
# ...
transport_url = rabbit://openstack:RABBIT_PASS@controller
```

在[DEFAULT]和[keystone_authtoken]模块中，配置标识服务访问，具体示例如下：

```
[DEFAULT]
# ...
auth_strategy = keystone

[keystone_authtoken]
# ...
www_authenticate_uri = http://controller:5000
auth_url = http://controller:5000
memcached_servers = controller:11211
auth_type = password
project_domain_name = default
user_domain_name = default
project_name = service
username = cinder
password = 123
```

在[DEFAULT]模块中，配置选项以使用控制器节点的管理接口IP地址，具体示例如下：

```
[DEFAULT]
# ...
my_ip = 192.168.2.161
```

在[oslo_concurrency]模块中，配置锁定路径，具体示例如下：

```
[oslo_concurrency]
# ...
lock_path = /var/lib/cinder/tmp
```

填充块存储数据库,具体示例如下:

```
[root@controller ~]# su -s /bin/sh -c "cinder-manage db sync" cinder
```

编辑/etc/nova/nova.conf文件,将块存储服务配置到计算服务中,具体示例如下:

```
[cinder]
os_region_name = RegionOne
```

重新启动计算API服务,具体示例如下:

```
[root@controller ~]# systemctl restart openstack-nova-api.service
```

启动块存储服务并将其配置为在系统引导时启动,具体示例如下:

```
[root@controller ~]# systemctl enable openstack-cinder-api.service openstack-cinder-scheduler.service
[root@controller ~]# systemctl start openstack-cinder-api.service openstack-cinder-scheduler.service
```

任务5.2.4 配置块存储节点基础环境

在块存储节点安装LVM软件包,具体示例如下:

```
[root@controller ~]# yum install lvm2 device-mapper-persistent-data
```

启动LVM元数据服务,并将其配置为在系统引导时启动,具体示例如下:

```
[root@controller ~]# systemctl enable lvm2-lvmetad.service
[root@controller ~]# systemctl start lvm2-lvmetad.service
```

创建LVM物理卷,具体示例如下:

```
[root@controller ~]# pvcreate /dev/sdb

Physical volume "/dev/sdb" successfully created
```

创建LVM卷组,具体示例如下:

```
[root@controller ~]# vgcreate cinder-volumes /dev/sdb

Volume group "cinder-volumes" successfully created
```

块存储服务将在该卷组中创建逻辑卷。

只有实例才能访问块存储卷、基础操作系统管理与卷关联的设备。通常,LVM卷扫描工具会扫描目录中包含卷的块存储设备。如果在卷上使用LVM,扫描工具会检测这些卷,并进行缓存,但这可能会导致潜在的问题和bug。

编辑/devcinder-volumes/etc/lvm/lvm.conf文件,修改配置,指定项目使用的设备,具体示例如下:

```
devices {
...
filter = [ "a/sdb/", "r/.*/"]
```

任务5.2.5 安装与配置块存储节点服务

在块存储节点安装块存储服务软件包,具体示例如下:

```
[root@compute2 ~]# yum install openstack-cinder targetcli python-keystone -y
```

编辑/etc/cinder/cinder.conf文件,在[database]模块中,配置数据库访问,具体示例如下:

```
[database]
# ...
connection = mysql+pymysql://cinder:123@controller/cinder
```

在[DEFAULT]模块中,配置消息队列访问,具体示例如下:

```
[DEFAULT]
# ...
transport_url = rabbit://openstack:123@controller
```

在[DEFAULT]和[keystone_authtoken]模块中,配置标识服务访问所需的选项,具体示例如下:

```
[DEFAULT]
# ...
auth_strategy = keystone

[keystone_authtoken]
# ...
www_authenticate_uri = http://controller:5000
auth_url = http://controller:5000
memcached_servers = controller:11211
auth_type = password
project_domain_name = default
user_domain_name = default
project_name = service
username = cinder
password = CINDER_PASS
```

在[DEFAULT]模块中,配置IP选项,具体示例如下:

```
[DEFAULT]
# ...
my_ip = 192.168.2.163
```

使用LVM驱动程序、卷组、iSCSI协议和相应的iSCSI服务配置LVM后端,如果文件内容不存在,那么直接添加到文件中,具体示例如下:

```
[lvm]
volume_driver = cinder.volume.drivers.lvm.LVMVolumeDriver
volume_group = cinder-volumes
target_protocol = iscsi
target_helper = lioadm
```

在[DEFAULT]模块中,启用LVM后端,具体示例如下:

```
[DEFAULT]
# ...
enabled_backends = lvm
```

在[DEFAULT]模块中,配置影像服务API的位置,具体示例如下:

```
[DEFAULT]
# ...
glance_api_servers = http://controller:9292
```

在[oslo_concurrency]模块中,配置锁定路径,具体示例如下:

```
[oslo_concurrency]
# ...
lock_path = /var/lib/cinder/tmp
```

启动块存储卷服务(包括其依赖项),并将其配置为在系统引导时启动,具体示例如下:

```
[root@compute2 ~]# systemctl enable openstack-cinder-volume.service target.service
[root@compute2 ~]# systemctl start openstack-cinder-volume.service target.service
```

任务5.2.6 安装与配置备份服务

在块存储节点安装块存储软件包之后,编辑/etc/cinder/cinder.conf文件。在[DEFAULT]模块中,配置备份选项,具体示例如下:

```
[DEFAULT]
# ...
backup_driver = cinder.backup.drivers.swift.SwiftBackupDriver
backup_swift_url = http://controller:8776/v3/%(project_id)s
```

启动块存储备份服务,并将其配置为在系统引导时启动,具体示例如下:

```
[root@compute2 ~]# systemctl enable openstack-cinder-backup.service
[root@compute2 ~]# systemctl start openstack-cinder-backup.service
```

任务5.2.7 验证操作

验证块存储服务是否安装配置成功,获得admin凭证用于获取管理员权限,具体示例如下:

```
[root@controller ~]# source admin-openrc
```
列出服务组件以验证每个进程是否成功启动，具体示例如下：
```
[root@controller ~]# openstack volume service list

+-----------------+------------+------+---------+-------+----------------------------+
| Binary          | Host       | Zone | Status  | State | Updated_at                 |
+-----------------+------------+------+---------+-------+----------------------------+
| cinder-scheduler| controller | nova | enabled | up    |2016-09-30T02:27:41.000000  |
| cinder-volume   | block@lvm  | nova | enabled | up    |2016-09-30T02:27:46.000000  |
| cinder-backup   | controller | nova | enabled | up    |2016-09-30T02:27:41.000000  |
+-----------------+------------+------+---------+-------+----------------------------+
```

任务 5.3　部署虚拟实验环境

学习任务

高校计算机实验室私有云管理平台的设计目标是结合现有实验室的困境和管理需求，通过对物理服务器和物理存储进行虚拟化统一管理，让上课学生能够随时随地快速构建实验环境，同时实现教学资源共享、减少资源浪费，达到资源效益最大化。

在部署虚拟实验环境的过程中，读者需要完成以下任务。

任务5.3.1　项目创建

进入OpenStack Web界面后，界面左边有3个主选项，分别是项目、管理员与身份管理，如图5.3所示。

单击"身份管理"选项，该选项下包含5个选项，分别是项目、用户、组、角色与应用程序凭证，如图5.4所示。

图5.3　OpenStack 界面选项

图5.4　"身份管理"选项

单击"身份管理"→"项目"选项，进入项目管理界面，如图5.5所示。

在项目管理界面中，单击右上角的"创建项目"按钮，会打开一个创建项目窗口，如图5.6所示。

由图5.6可知，在创建项目窗口中有3个标签页，分别是项目信息、项目成员与项目组。需要注意的是，带有"*"标记的是必填项。本示例将项目名称设置为"云计算技术与应用"，如图5.7所示。

图 5.5　项目管理界面 -1

图 5.6　创建项目窗口 -1

图 5.7　创建项目窗口 -2

项目名称设置完成后，单击右下角的"创建项目"按钮，即可完成项目创建。新建的项目将出现在项目管理界面的项目列表中，如图5.8所示。

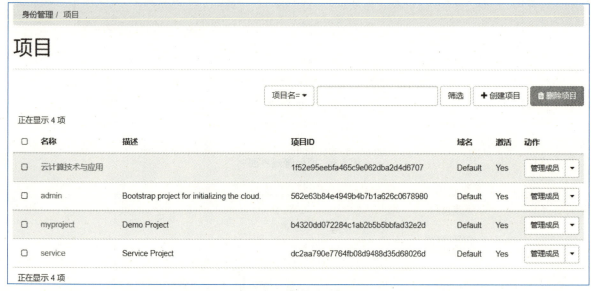

图 5.8　项目管理界面 -2

单击项目名称，进入项目概况页中，如图5.9所示。

图 5.9　项目概况页

由图5.9可知，项目概况页中包含项目的名称、ID、域名、域ID等信息。

单击"身份管理"→"用户"选项，进入用户管理界面，如图5.10所示。

在用户管理界面中，单击右上角的"创建用户"按钮，会打开一个创建用户窗口，如图5.11所示。

图 5.10　用户管理界面

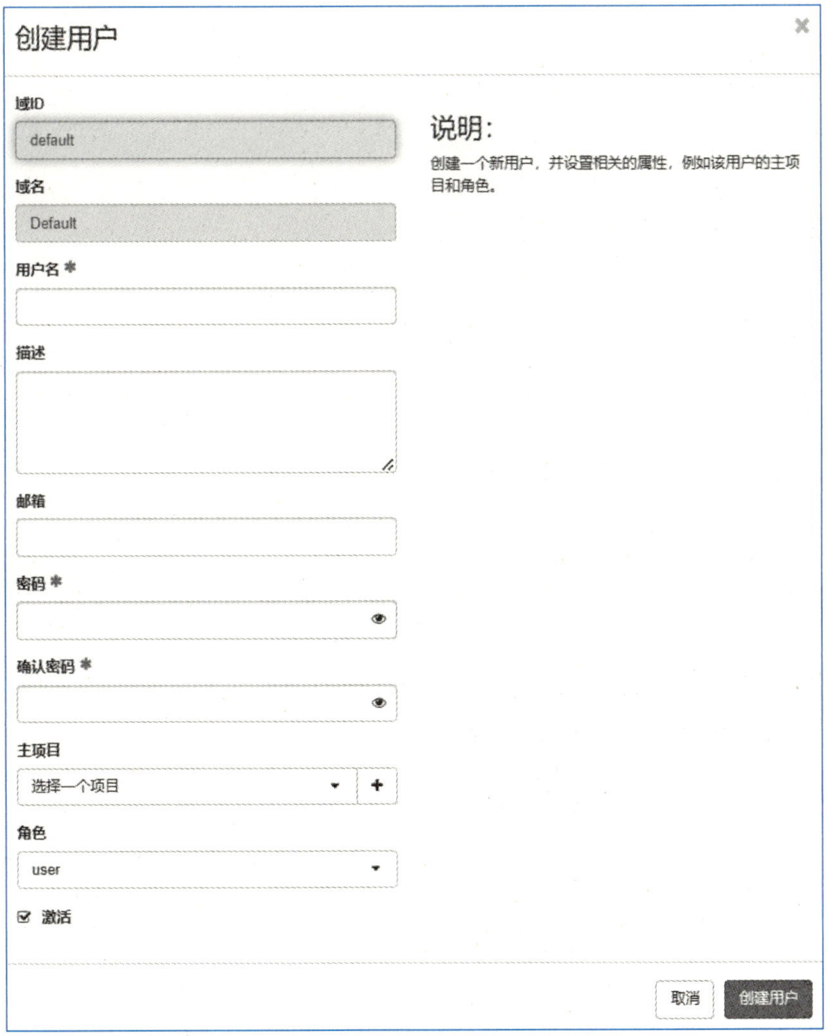

图 5.11　创建用户窗口 -1

在创建用户窗口中，设置用户名称与密码，如图5.12所示。

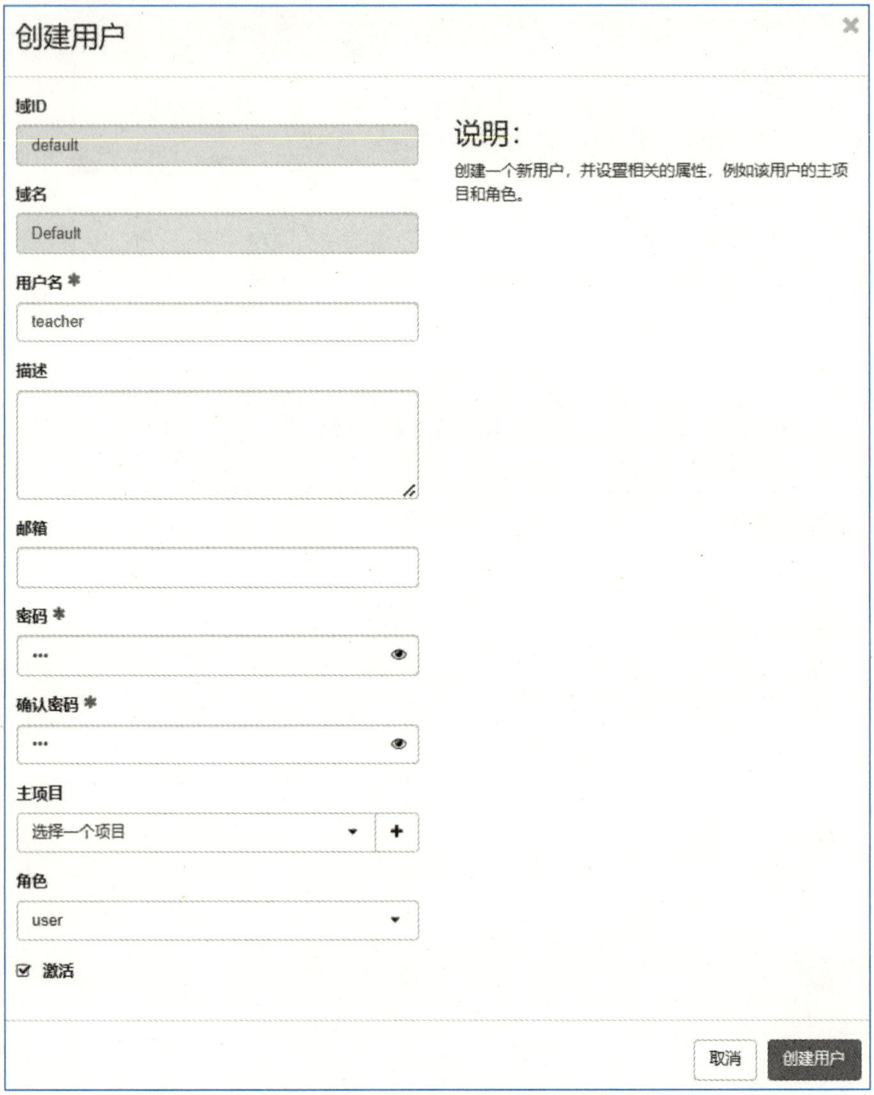

图 5.12　创建用户窗口 -2

用户名称与密码设置完成后，单击右下角的"创建用户"按钮，即可完成用户创建。新建的用户将出现在用户管理界面的用户列表中，如图5.13所示。

图 5.13　用户列表

由图5.13可知，当前创建了3个用户，分别是teacher、student-1、student-2。

单击"身份管理"→"组"选项,进入组管理界面,如图5.14所示。

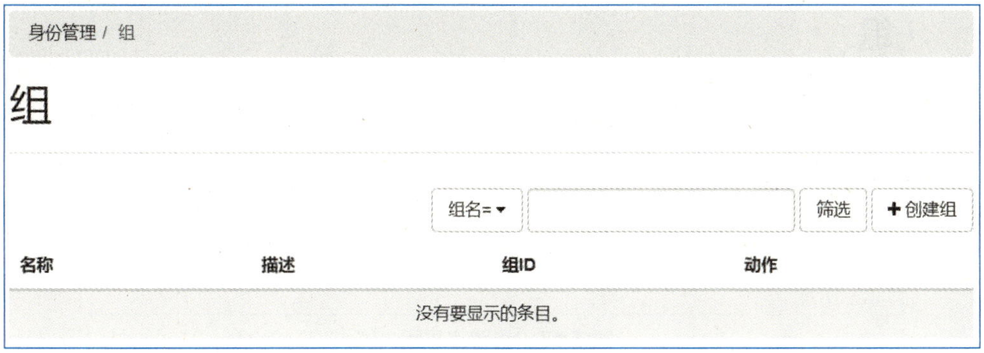

图 5.14　组管理界面 -1

在组管理界面中,单击右上角的"创建组"按钮,会打开一个创建组窗口,如图5.15所示。

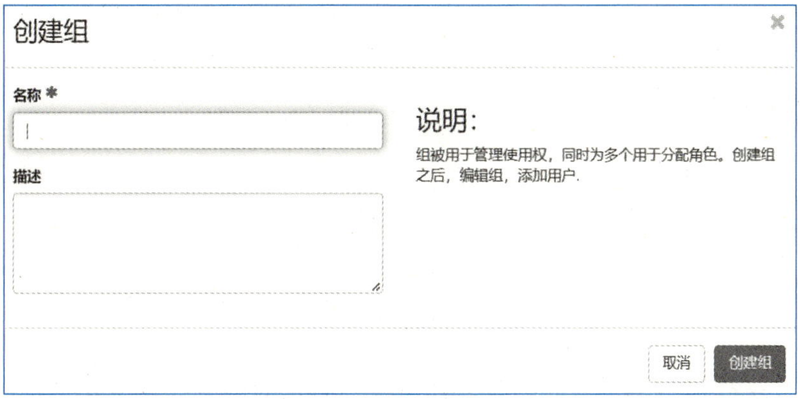

图 5.15　创建组窗口 -1

在创建组窗口中,设置组名称,如图5.16所示。

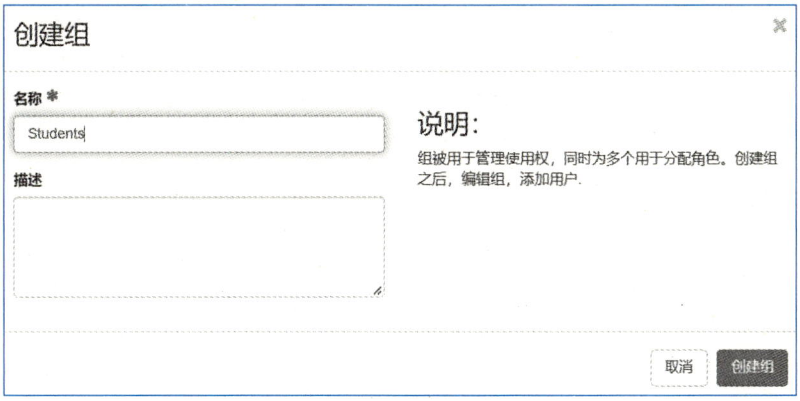

图 5.16　创建组窗口 -2

组名称完成后,单击右下角的"创建组"按钮,即可完成组创建。新建的组将出现在组管理界面的组列表中,如图5.17所示。

图 5.17　组管理界面 -2

在组管理界面中,单击项目列表中任意组的"动作"列下的"管理成员"按钮,进入目标组的管理界面,如图5.18所示。

图 5.18　Students 组管理界面 -1

在Students组管理界面中,单击右上角的"添加用户"按钮,打开一个添加用户窗口,如图5.19所示。

图 5.19　添加用户窗口 -1

在添加用户窗口中，勾选需要添加到Students组的用户，如图5.20所示。

图5.20　添加用户窗口-2

用户勾选完成后，单击窗口右上角的"添加用户"按钮即可，如图5.21所示。

图5.21　Students组管理界面-2

在项目管理界面中，单击项目列表中"云计算技术与应用"的"动作"列下的"管理成员"按钮，打开编辑项目窗口，如图5.22所示。

单击窗口左侧"全部用户"中目标用户右侧"+"按钮，将目标用户添加到右侧的"项目成员"中，如图5.23所示。

图 5.22　编辑项目窗口 -1

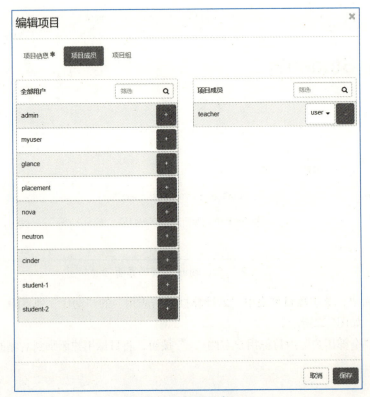

图 5.23　编辑项目窗口 -2

在编辑项目窗口中,单击上方的"项目组"标签,进入项目组选项卡,如图5.24所示。

图 5.24　编辑项目窗口 -3

单击窗口左侧"全部组"中目标组右侧"+"按钮,将目标组添加到右侧的"项目组"中,如图5.25所示。

图 5.25　编辑项目窗口 -4

配置完成后,单击编辑项目窗口右下角的"保存"按钮即可。在该项目的概况页面中,单击"用户"标签,进入用户选项卡,如图5.26所示。

图 5.26　项目用户选项卡

由图5.26可知，当前项目用户中包含了已添加的用户与已添加到组中的用户。单击"组"标签，进入组选项卡，如图5.27所示。

图 5.27 项目组选项卡

由图5.27可知，Students组已经添加到了"云计算技术与应用"项目中。

任务5.3.2 项目管理

单击左侧菜单栏中的"项目"列表，将其展开，如图5.28所示。

由图5.28可知，在"项目"列表中包含4个选项，分别是访问API、计算、卷与网络。单击"计算"列表，如图5.29所示。

图 5.28 "项目"列表

图 5.29 "计算"列表

由图5.29可知，在"计算"列表中包含5个选项，分别是概况、实例、镜像、密钥对与主机组。

1. 创建镜像

单击"镜像"选项，进入镜像管理界面，如图5.30所示。

在镜像管理界面中，单击"创建镜像"按钮，打开创建镜像窗口，如图5.31所示。

图 5.30 镜像管理界面

图 5.31 创建镜像窗口 -1

用户需要在创建镜像窗口中填写镜像名称等信息,以及在本地选择需要上传到OpenStack平台的系统镜像,如图5.32所示。

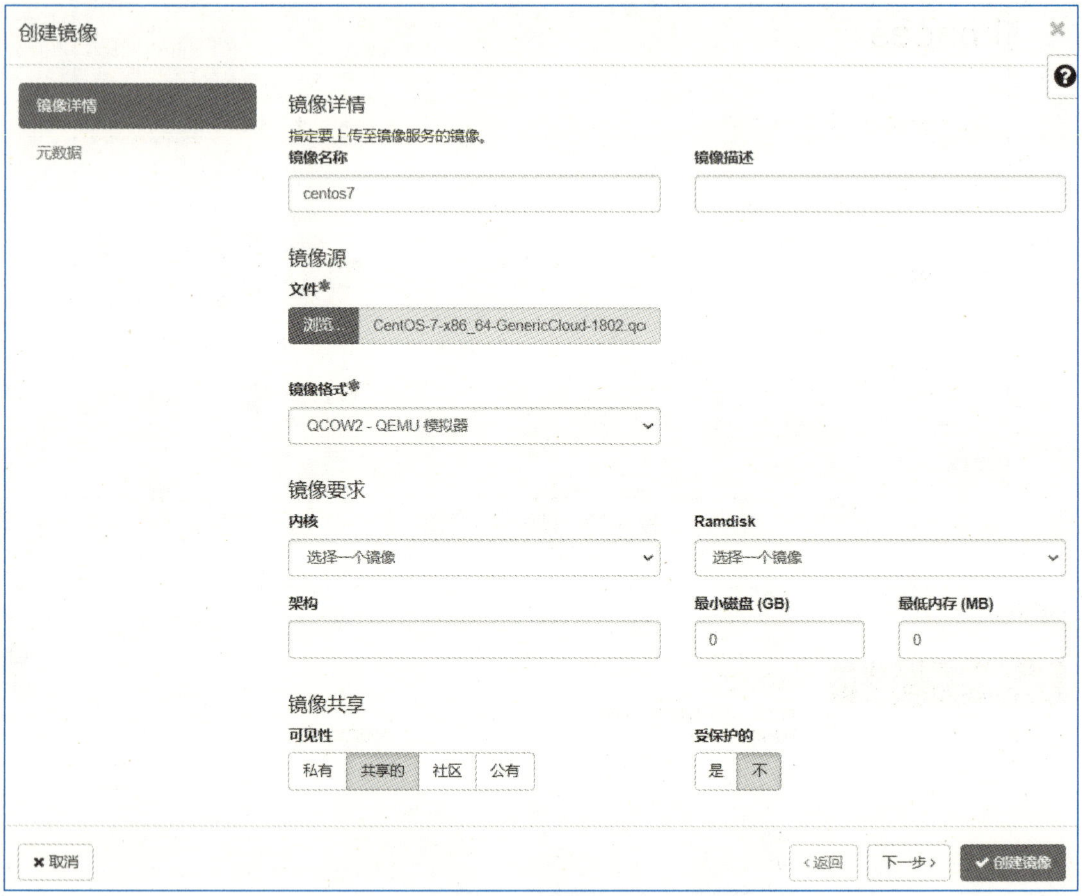

图 5.32 创建镜像窗口 -2

由图5.32可知，当前选择了CentOS 7的QCOW2格式的镜像。如果本地没有适合的镜像，那么可以到官方网站下载适用于OpenStack云平台的系统镜像。镜像信息配置完成后，单击窗口右下角的"创建镜像"按钮即可，如图5.33所示。

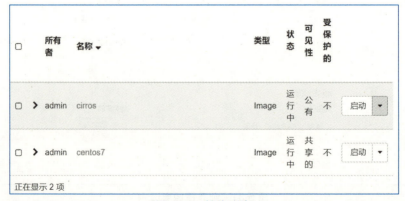

图 5.33 镜像列表

由图5.33可知，新上传的镜像已经存在于镜像列表中。

2. 创建网络

在左侧菜单栏中选择"网络"选项，将其展开，如图5.34所示。

单击"网络"→"网络"选项，进入网络管理界面，如图5.35所示。

图 5.34　左侧菜单栏 -1

图 5.35　网络管理界面 -1

在网络管理界面中，单击右上角的"创建网络"按钮，打开一个创建网络窗口，如图5.36所示。

图 5.36　创建网络窗口 -1

在创建网络窗口中填写网络名称等信息，如图5.37所示。

图 5.37　创建网络窗口-2

由图5.37可知,本示例将网络设置为共享网络,目的是所有项目的用户与组都可以使用该网络。同时,本示例没有勾选"创建子网"复选框,创建子网的任务将在后续完成,目的是防止配置失误导致网络创建失败。

单击创建网络窗口右下角的"创建"按钮即可完成网络创建,如图5.38所示。

图 5.38　网络管理界面-2

由图5.38可知,创建完成的网络将出现在网络列表中。单击网络名称,进入该网络的概况页,如图5.39所示。

在网络概况页面,单击"子网"标签,进入该网络的子网页面,如图5.40所示。

在子网页面中,单击右上角的"创建子网"按钮,打开创建子网窗口,如图5.41所示。

项目 5　OpenStack 部署校园虚拟实验室

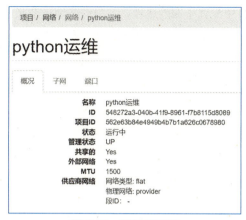

图 5.39　网络概况页

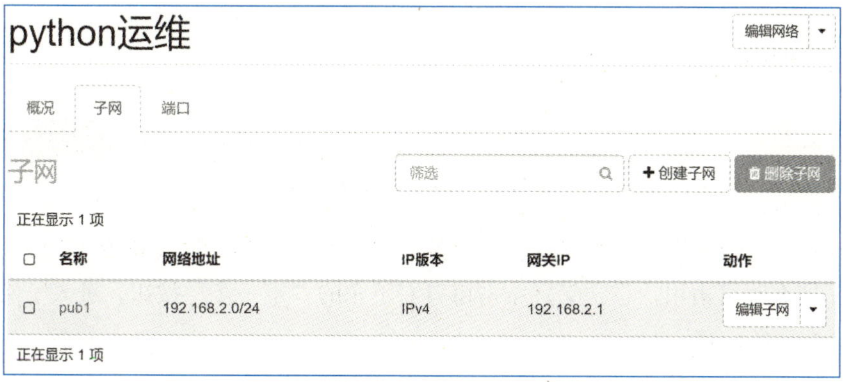

图 5.40　子网页面 -1

图 5.41　创建子网窗口 -1

管理员需要在创建子网窗口中配置子网的属性，其中网络地址是必填项，如图5.42所示。

图 5.42　创建子网窗口 -2

由图5.42可知，本示例将子网的网络地址设置为192.168.2.0/24，网关IP为192.168.2.1，IP版本通常使用IPv4，子网名称可由用户自定义。单击窗口右下角的"下一步"按钮，进入子网详情页面，如图5.43所示。

图 5.43　创建子网窗口 -3

用户可以在子网详细页面中配置是否激活DHCP，分配地址池，配置DNS服务器，以及配置主机路由。配置完成后，如图5.44所示。

图 5.44　创建子网窗口 -4

由图5.44可知，本示例配置子网详情时激活了DHCP，目的是使网络中的设备通过DHCP协议自动获取到IP地址。地址池中填入了两个IP地址，这并非表示两个单独的IP地址，而是一个地址范围，即允许该子网使用该范围内的IP地址。

配置完成后，单击窗口右下角的"创建"按钮即可，如图5.45所示。

图 5.45　子网页面 -2

由图5.45可知，创建的子网将出现在子网页面中的子网列表中。

3. 创建实例类型

在云平台创建实例之前，用户需要明确创建的实例规格，在OpenStack中称为实例类型。

在OpenStack平台界面左侧菜单栏中，单击"管理员"→"计算"选项，将其展开，如图5.46所示。

由图5.46可知，在"管理员"下包含了5个选项，分别是概况、计算、卷、网络与系统。其中，计算选项下包含了虚拟机管理器、主机聚合、实例、实例类型、镜像5个选项。单击"计算"→"实例类型"选项，进入实例类型管理界面，如图5.47所示。

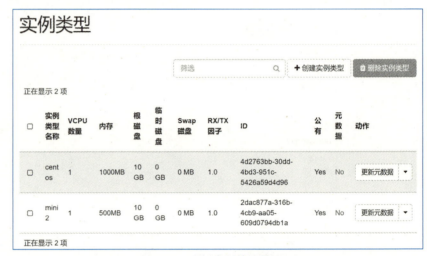

图 5.46　左侧菜单栏 -2　　　　　　　　图 5.47　实例类型管理界面 -1

在实例类型管理界面中，单击右上角的"创建实例类型"按钮，打开创建实例类型窗口，如图5.48所示。

图 5.48　创建实例类型窗口 -1

用户需要在创建实例类型窗口配置实例类型的相关信息，其中包括实例类型的名称、ID、VCPU数量、内存、根磁盘等，如图5.49所示。

图 5.49　创建实例类型窗口 -2

由图5.49可知，本示例将实例类型的名称设置为Small，VCPU的数量为1，内存大小为500 MB，根磁盘大小为10 GB。其中VCPU表示实例中虚拟的CPU，并非真实存在的。实例类型信息配置完成后，单击窗口上方的"实例类型使用权"标签，打开"实例类型使用权"选项卡，配置该实例类型的使用权，如图5.50所示。

图 5.50　创建实例类型窗口 -3

在"实例类型使用权"配置页面中,展示了两个列表,左侧列表中是当前云平台拥有的全部项目,右侧列表中是具有该实例类型使用权的项目。用户需要单击左侧项目名称右侧的"+"按钮,将目标项目添加到右侧列表中,使其能够使用该实例类型,如图5.51所示。

图 5.51　创建实例类型窗口 -4

实例类型使用权配置完成后,单击窗口右下角的"创建实例类型"按钮即可,如图5.52所示。

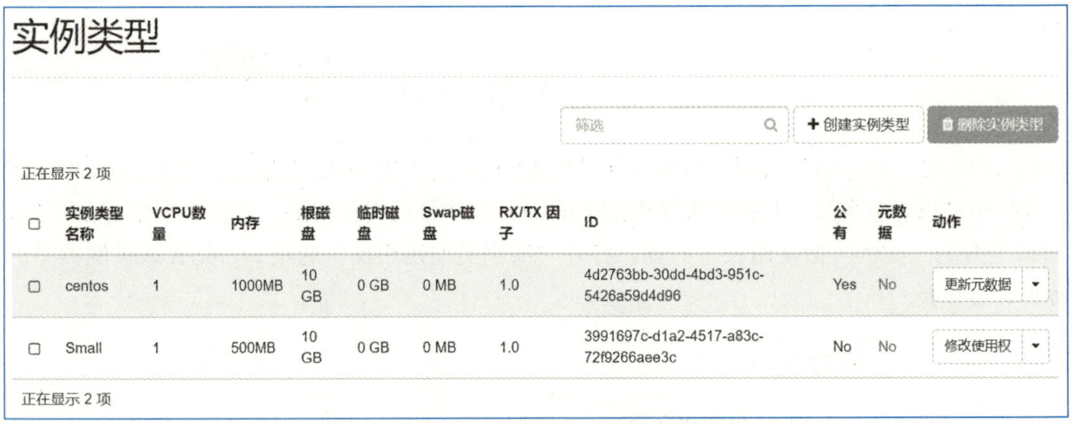

图 5.52　实例类型管理界面 -2

由图5.52可知,新创建的实例类型Small已经存在于实例类型列表中。

4. 安全组配置

安全组是云平台的安全策略,符合安全策略的行为是被允许的,不符合安全策略的行为是不被允许的。安全组本身无法感知行为的合法性,所以需要管理员手动配置,开放需要的端口,禁止非法的访问。

单击OpenStack云平台左侧菜单栏中的"项目"→"网络"→"安全组"选项,进入安全组管理界面,如图5.53所示。

图 5.53　安全组管理界面

在安全组管理界面中，单击右上角的"创建安全组"按钮后，打开"创建安全组"窗口，如图5.54所示。

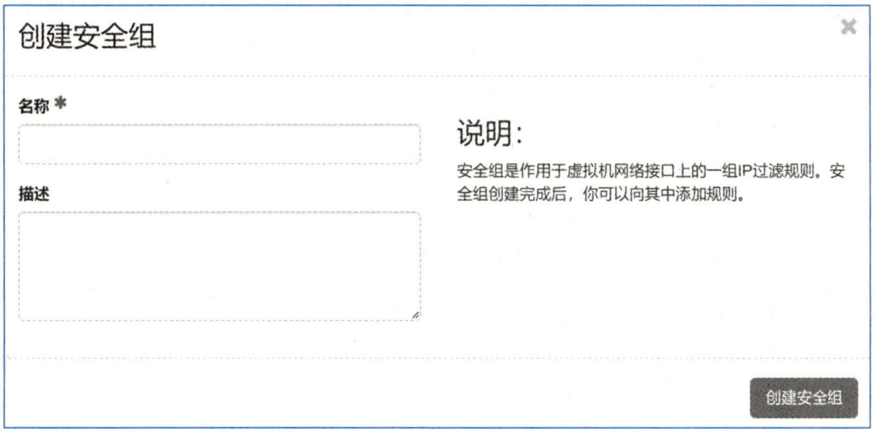

图 5.54　创建安全组窗口

在创建安全组窗口中，用户需要设置新建安全组的名称，描述部分可以忽略。设置完成后，单击右下角的"创建安全组"按钮即可，如图5.55所示。

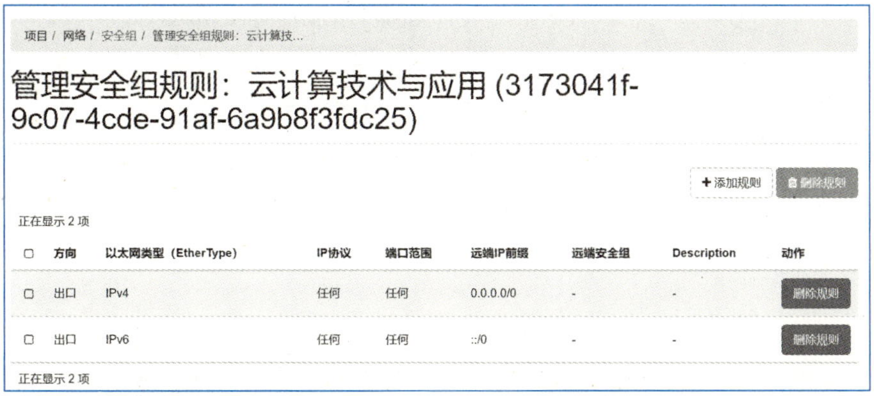

图 5.55　安全组规则管理界面 -1

由图5.55可知，安全组创建完成后会进入到该安全组的规则管理界面，用户可在该界面中管理该安全组的安全策略。在安全组规则管理界面中，单击右上角的"添加规则"按钮，打开"添加规则"窗口，如图5.56所示。

图 5.56　添加规则窗口 -1

用户需要在添加规则窗口中配置规则信息，如图5.57所示。

图 5.57　添加规则窗口 -2

由图5.57可知，此处配置了一个TCP规则，即在入方向所有主机允许访问实例的80端口。其中，CIDR表示指定允许的主机IP范围，0.0.0.0/0表示所有主机。规则配置完成后，单击窗口右下角的"添加"按钮即可，如图5.58所示。

图 5.58　安全组规则管理界面 -2

由图5.58可知，已创建的安全规则都存在于安全组规则管理界面的规则列表中。

再次添加规则，在规则下拉列表中选择添加SSH规则，如图5.59所示。

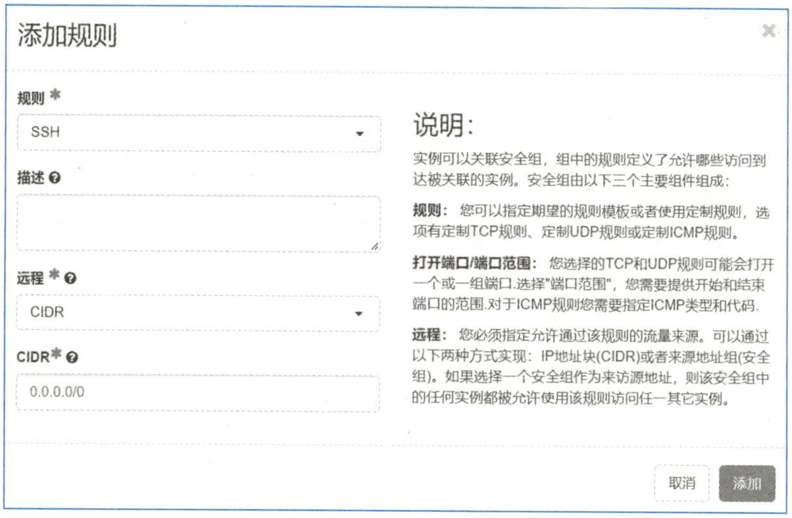

图 5.59　添加规则窗口 -3

单击右下角的"添加"按钮完成规则创建。后续用户可根据实际需求，开启或关闭相关端口。

任务5.3.3　项目实践

此时，"云计算技术与应用"项目已经初步满足了创建实例的需求。在OpenStack云平台界面，单击右上角的admin下拉按钮，展开下拉列表，如图5.60所示。

单击"退出"选项，退出管理员账号，登录项目中的任意普通账号。在镜像管理界面中单击centos

镜像的"启动"按钮，进入"创建实例"窗口，如图5.61所示。

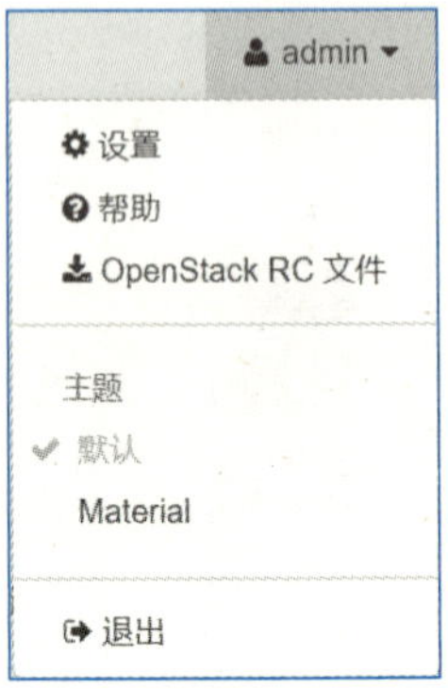

图 5.60　admin 下拉列表 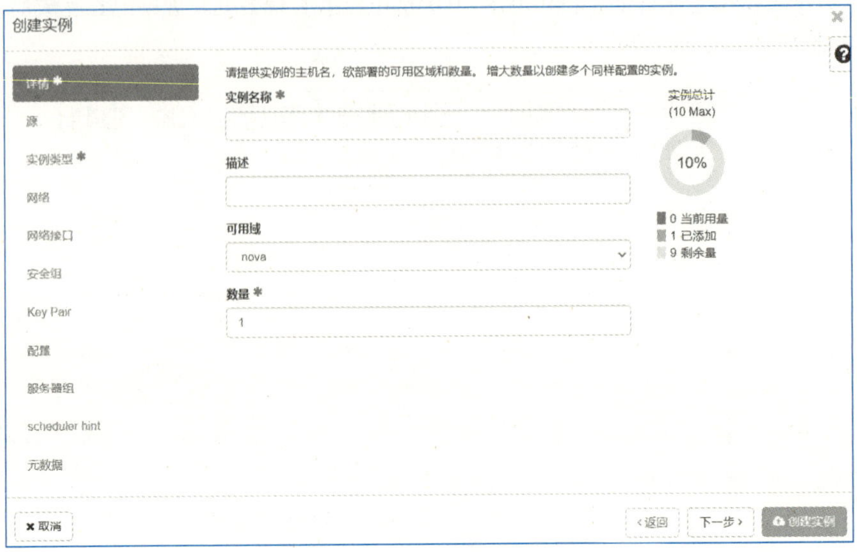　　　　　　　　图 5.61　创建实例窗口 -1

用户需要在创建实例窗口设置实例名称，并且配置可用域及其数量。单击窗口左侧菜单栏中的"源"选项，如图5.62所示。

图 5.62　创建实例窗口 -2

用户可以在源页面配置创建实例所使用的源，而源可以是镜像、卷、卷快照、实例快照，此处选择使用镜像并创建1 GB大小的存储卷。在源页面中展示了两个列表，一个是已分配列表，一个是可用配额列表。其中，已分配列表中是即将分配给新建实例的资源，可用配额列表中的内容是可以分配给该实例,但没有分配的资源。选择分配或取消分配只需要单击目标资源右侧的"↑"或"↓"按钮即可。

单击窗口左侧菜单栏中的"实例类型"选项,进入实例类型页面,如图5.63所示。

图 5.63 创建实例窗口 -3

在实例类型页面中选择Small类型。此处需要注意的是,大小不同的镜像对内存与存储的要求也不同,尽量选择或创建适合的实例类型。

单击窗口左侧菜单栏中的"网络"选项,进入网络页面,如图5.64所示。

图 5.64 创建实例窗口 -4

在网络页面中给实例分配网络。

单击窗口左侧菜单栏中的"网络接口"选项,进入网络接口页面,如图5.65所示。

图 5.65　创建实例窗口 -4

用户可以在网络接口页面中为实例配置网络接口。需要注意的是,此处的网络接口是指虚拟交换机接口。

单击窗口左侧菜单栏中的"安全组"选项,进入安全组页面,如图5.66所示。

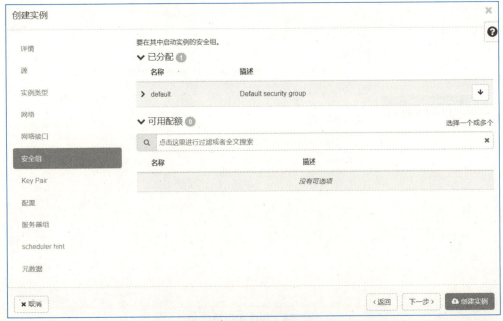

图 5.66　创建实例窗口 -5

用户可以在安全组页面中为实例配置安全组，实例创建后将运用目标安全组中的安全策略。单击窗口左侧菜单栏中的Key Pair选项，进入Key Pair页面，如图5.67所示。

图 5.67　创建实例窗口 -6

用户可以在Key Pair页面中为实例配置密钥对，用于远程登录实例。如果当前没有可用密钥对，那么需要手动创建。单击Key Pair页面上方的"创建密钥对"按钮，进入"创建密钥对"窗口，如图5.68所示。

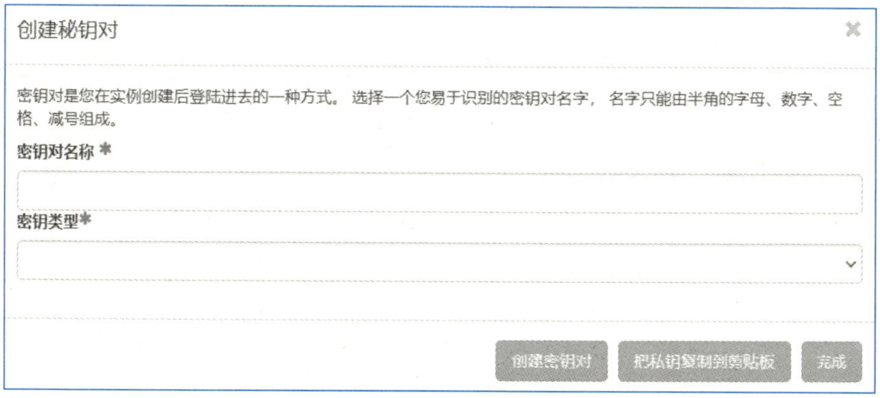

图 5.68　创建密钥对窗口 -1

用户需要在创建密钥对窗口中配置密钥对名称，以及选择密钥类型。其中，密钥类型包括SSH密钥与X509证书。此处选择使用SSH密钥，如图5.69所示。

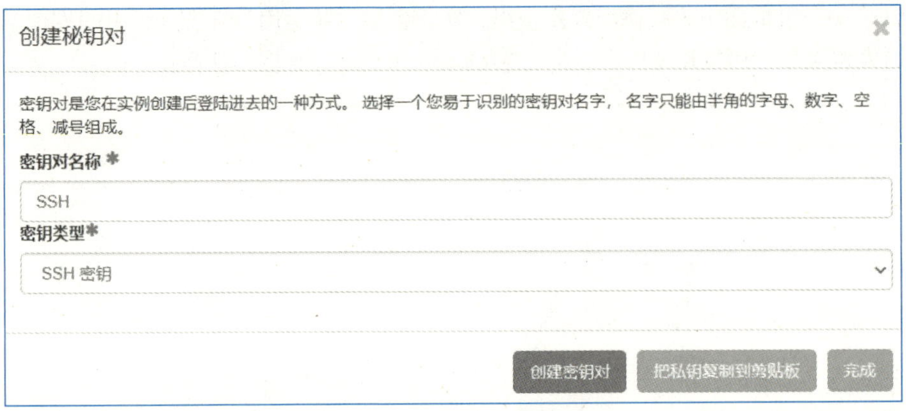

图 5.69　创建密钥对窗口-2

密钥配置完成后，单击窗口右下角的"创建密钥对"按钮，会在窗口下方生成私钥，如图5.70所示。

图 5.70　创建密钥对窗口-3

私钥生成后，单击窗口右下角的"把私钥复制到剪贴板"按钮，复制私钥，防止丢失，然后单击"完成"按钮即可。

返回创建实例窗口，单击窗口左侧菜单栏中的"配置"选项，进入配置页面，如图5.71所示。

图 5.71　创建实例窗口 -7

由图5.71可知，用户可在配置页面中添加脚本，配置磁盘分区，以及配置驱动。此处添加的脚本将在实例创建时执行，可以帮助用户预先配置环境。同时还支持从本地Windows系统中上传脚本，但前提是当前浏览器支持HTML5文件API，且文件大小不超过16 KB。OpenStack云平台提供了两种磁盘分区方式，一种是自动分区，一种是手动分区。如果选择自动分区，那么磁盘将自动设置为一个单独的分区；如果选择手动分区，那么将允许用户手动在磁盘中创建多个分区。如果勾选"配置驱动"复选框，那么在实例启动时将追加配置驱动并访问元数据。在不使用密钥登录的情况下，用户可以通过执行脚本配置用户登录，如图5.72所示。

图 5.72　创建实例窗口 -8

另外,还可以创建普通用户,具体示例如下:

```sh
#!/bin/sh
#允许ssh登录
sed -i 's/PasswordAuthentication no/PasswordAuthentication yes/g' /etc/ssh/sshd_config
systemctl restart sshd
passwd root<<EOF
123
123
EOF
#创建普通用户
useradd Verus
echo 'w21#!RT3' | passwd --stdin Verus
```

上述代码中,将root用户的密码设置为了"123",将普通用户的密码设置为了"w21#!RT3"。

单击窗口左侧菜单栏中的"服务器组"选项,进入服务器组页面,如图5.73所示。

图 5.73　创建实例窗口 -9

用户可创建服务器组,将多个实例添加到组中,并赋予该组中所有实例相同的属性。

单击窗口左侧菜单栏中的scheduler hint选项,进入cheduler hint页面,如图5.74所示。

用户可通过cheduler hint向计算调度程序传递额外的放置信息。

单击窗口左侧菜单栏中的"元数据"选项,进入元数据页面,如图5.75所示。

图 5.74　创建实例窗口 -10

图 5.75　创建实例窗口 -11

元数据是关联实例的键值对的集合，为了便于区分，用户可以给每个实例配置元数据。

实例配置完成后单击"创建实例"按钮即可，如图5.76所示。

图 5.76　实例管理界面

由图5.76可知，新创建的实例将出现在实例管理界面的实例列表中。单击实例名称，进入实例概况页面，如图5.77所示。

图 5.77　实例概况页面

由图5.77可知，用户在实例概况页面可以获取到实例的详细信息。单击实例概况页面上方的"控制台"标签，进入该实例的控制台，如图5.78所示。

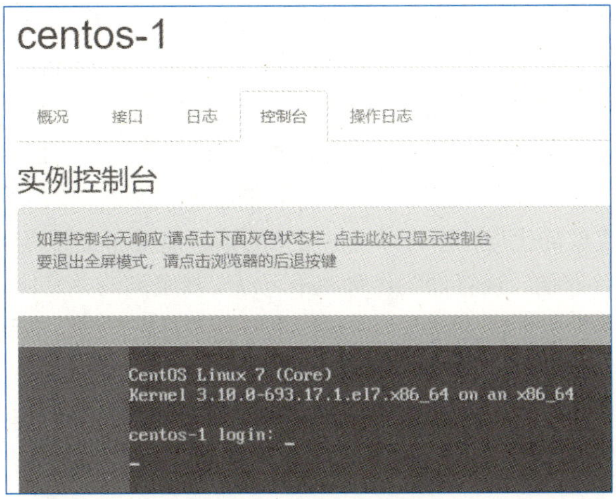

图 5.78　centos-1 控制台

由图5.78可知，当前实例已启动，并展示登录命令行。使用用户名与密码登录实例，并检测其网络状况，如图5.79所示。

```
CentOS Linux 7 (Core)
Kernel 3.10.0-693.17.1.el7.x86_64 on an x86_64

centos-1 login: [  255.064959] random: crng init done
root
Password:
[root@centos-1 ~]# ping baidu.com
PING baidu.com (39.156.66.10) 56(84) bytes of data.
64 bytes from 39.156.66.10 (39.156.66.10): icmp_seq=1 ttl=45 time=8.51 ms
64 bytes from 39.156.66.10 (39.156.66.10): icmp_seq=2 ttl=45 time=7.94 ms
64 bytes from 39.156.66.10 (39.156.66.10): icmp_seq=3 ttl=45 time=18.8 ms
^C
--- baidu.com ping statistics ---
3 packets transmitted, 3 received, 0% packet loss, time 2004ms
rtt min/avg/max/mdev = 7.948/11.770/18.845/5.008 ms
[root@centos-1 ~]# _
```

图 5.79　网络测试

由图5.79可知，当前已登录centos-1实例，并进行了网络检测，检测后得知丢包率为0%。

知识扩展

常见的存储方式

块存储、对象存储和文件存储是三种常见的存储方式。

块存储（Block Storage）将数据存储为一系列固定大小的块（Block），并以块为单位进行读写。每个块都有唯一的地址，可以直接访问。块存储适用于需要频繁读写的数据，如数据库、虚拟机镜像等。块存储的优势在于可以提供高性能和低延迟的读写速度，且可以针对单个块进行快速的备份和恢复。

对象存储（Object Storage）将数据存储为对象（Object），每个对象包含了数据和与之相关的元数据。对象存储适用于需要存储大量不需要频繁访问的数据，如图片、视频、文档等。对象存储的优势在于可以提供无限的扩展性和高度的可靠性，且可以通过元数据对对象进行自定义的分类和组织。

文件存储（File Storage）将数据存储为文件，并以文件为单位进行读写。每个文件都有唯一的路径，可以通过路径进行访问。文件存储适用于需要共享数据的场景，如文件共享、备份等。文件存储的优势在于可以提供传统的文件系统操作接口，易于使用和管理，且可以支持多个客户端同时访问。

相较于对象存储，块存储的优势在于可以提供更快的读写速度和更低的延迟，且可以支持数据的实时访问和修改。相对于文件存储，块存储的优势在于可以支持更高的并发访问和更快的数据传输速度，且可以提供更高的数据保护和灾难恢复能力。在虚拟化环境下，块存储是实现虚拟机镜像、快照、克隆和迁移的关键基础。

块存储、对象存储和文件存储各自适用于不同的场景和需求。块存储相对于其他存储方式的优势在于高性能、低延迟和数据实时访问，是实现虚拟化和云计算的关键基础之一。

项目小结

本项目部署了OpenStack仪表盘组件、块存储服务与虚拟实验室。通过本项目学习，希望读者可以掌握OpenStack仪表盘、块存储服务与虚拟实验室环境的部署方式，增加OpenStack项目实战经验。

项目考核

一、选择题

1. 下列选项中，能够访问块存储卷的是（　　）。（2分）
   A. 用户　　　　B. 租户　　　　C. 实例　　　　D. 镜像服务
2. 下列选项中，需要部署块存储服务的节点是（　　）。（2分）
   A. 备用节点　　B. 控制节点　　C. 计算节点　　D. 新增节点
3. 下列选项中，在创建实例之前非必须创建的是（　　）。（2分）
   A. 安全组　　　B. 镜像　　　　C. 实例类型　　D. 网络
4. 下列选项中，用于OpenStack可视化的是（　　）。（2分）
   A. Keystone　　B. Cinder　　　C. Glance　　　D. Horizon
5. 下列选项中，用于存储的服务是（　　）。（2分）
   A. Keystone　　B. Cinder　　　C. Glance　　　D. Neutron

二、操作题

1. 完成仪表盘部署。（2分）
2. 完成块存储服务部署。（4分）
3. 完成虚拟实验环境部署。（4分）

项目 6

基于 OpenStack 部署校园网络攻防平台

项目描述

如今,随着互联网信息化技术的不断创新发展,网络已成为各行各业高质量发展的关键所在。社会发展对网络的依赖同样促进了网络信息化技术的高速发展,但在发展过程中会出现不同程度的安全问题。因此,国内大多数高校相继开设了计算机网络安全及其相关专业课程,旨在培养更多网络安全工作者,守护健康的网络环境。而在构建网络安全教学实验室的过程中遇到了诸多瓶颈,例如,网络攻防实验的建立需要基于优质的基础设备,网络攻防平台需要建立在复杂的网络环境之上。目前,网络攻防实验室的构建受到多方面因素的制约,如经费、场地等,而且实验本身具有较高的损坏性,以至于实验室的硬件环境的构建存在较多问题。其中比较关键的是,在学生进行实验的同时,必须维护《中华人民共和国网络安全法》。因此,高校亟须构建科学合理的网络攻防实验虚拟平台。

基于上述问题,本项目将基于 OpenStack 云计算网络平台构建校园网络攻防平台,在此平台基础上实现快速构建实验环境,快捷恢复网络环境的同时,坚决遵守《中华人民共和国网络安全法》。

学习目标

◎ 了解网络安全的重要性
◎ 理解常见的网络攻击原理
◎ 掌握 OWASP 靶机在 OpenStack 云平台的部署方式
◎ 掌握 Kali Linux 在 OpenStack 云平台的部署方式

典型任务

◎ 部署 OWASP 靶机
◎ 制作 Kali Linux 的 QCOW2 格式镜像
◎ 部署 Kali Linux 实例

项目分析

OpenStack 可用于部署云上虚拟环境,并且部署过程简单便捷。因此,OpenStack 还可以用于网络攻防实验环境的部署。由于 OpenStack 部署的是虚拟环境,在网络攻防实验中不会对物理设备造成伤害,也涉及不到网络安全问题。

在网络安全知识的学习中,通常会使用 OWASP 的靶机作为目标,以 Kali Linux 作为实验工具。

OWASP组织为人们学习网络安全知识提供了靶机目标，用户可将靶机部署到OpenStack实例中。Kali Linux官方没有提供适用于OpenStack的实例镜像，所以需要用户手动制作QCOW2格式的镜像。

项目描述

本项目是基于OpenStack部署校园网络攻防平台。在部署网络攻防平台之前，需要规划整个平台的架构，并创建一个新项目，上传镜像文件。然后在云平台创建一个实例，登录实例部署OWASP靶机网站，将靶机分配到靶机主机组中。Kali Linux中集成了多种渗透测试工具，是网络安全学习中常用的Linux系统之一。制作QCOW2镜像之前，需要在Kali Linux官方网站获取虚拟机系统文件，将系统文件下载至一台具备充足磁盘空间的Linux主机中。在Linux主机中安装虚拟化相关组件后，通过qemu-img命令将系统文件转变为一个QCOW2格式镜像文件。将制作完成的镜像文件上传至OpenStack云平台，并通过该镜像创建Kali Linux实例。

本项目的技能描述见表6.1。

表 6.1 项目技能描述

项目名称	任务	技能要求
基于 OpenStack 部署校园网络攻防平台	规划校园网络攻防平台	具备 Linux 基础技能，熟悉 OpenStack 核心架构
	部署云上靶机	具备 Linux 基础技能与网站部署技能
	创建 Kali Linux 实例	具备 Linux 基础技能，熟悉虚拟化相关组件

任务 6.1 规划校园网络攻防平台

学习任务

OpenStack作为一种云计算开源项目，由若干组件构成，具有灵活多变、有效管理、降低成本等显著优势。OpenStack结合实际环境，可实现在不同网络环境下用户自行搭建虚拟数据网络环境。在校园网络攻防平台设计中，OpenStack提供5个主要模块，分别是计算服务、对象存储服务、镜像服务、身份认证服务和平台控制系统。上述5个模块相辅相成，但又相互独立。在此基础上，管理员可部署攻击集群与靶机集群，形成一个虚拟化的网络攻防平台。

在规划校园网络攻防平台过程中，读者需要完成以下任务。

任务6.1.1 设计校园网络攻防平台架构

OpenStack云平台部署与基础设备之上，通过资源管理程序将基础设备的资源（如CPU、内存、存储空间等）集中管理，形成一个可分配的资源池，云平台上的实例通过资源管理器分配获取资源池中的资源，如图6.1所示。

基于OpenStack的校园网络攻防平台设计能够避免在学生实践过程中造成的破坏，并且具备较强的伸缩性。在线学生较多时，管理员可以通过增加硬件设备，扩大资源池，使平台能够支撑大规模的实践课程。在节假日或在线学生较少时,管理员可以通过减少硬件设备,缩减资源,减少不必要的资源浪费。

OpenStack校园网络攻防平台不仅需要结合实验教学的特征,还需要同时兼顾校内用户与校外用户的使用,如图6.2所示。

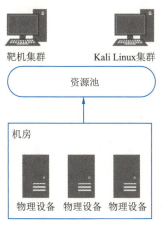

图 6.1 OpenStack 网络攻防平台实现原理

图 6.2 OpenStack 网络攻防平台逻辑拓扑图

由图6.2可知,校内用户可以直接通过计算机主机或登录攻击集群主机向靶机或靶机集群实施攻击和防御。校外用户通过认证服务登录云平台后,可以登录攻击集群主机,向靶机或靶机集群实施攻击和防御。

任务6.1.2 部署校园网络攻防平台云上环境

登录OpenStack云平台界面,创建"网络攻防平台"项目,如图6.3所示。

在创建项目时,将参与此项目的成员与项目组添加到该项目中。具体过程此处不再赘述。进入镜像管理界面,单击CentOS镜像栏"启动"按钮右侧的下拉按钮,展开下拉列表,如图6.4所示。

图 6.3 创建项目

图 6.4 镜像下拉列表

单击下拉列表中的"编辑镜像"选项，进入编辑镜像窗口，如图6.5所示。

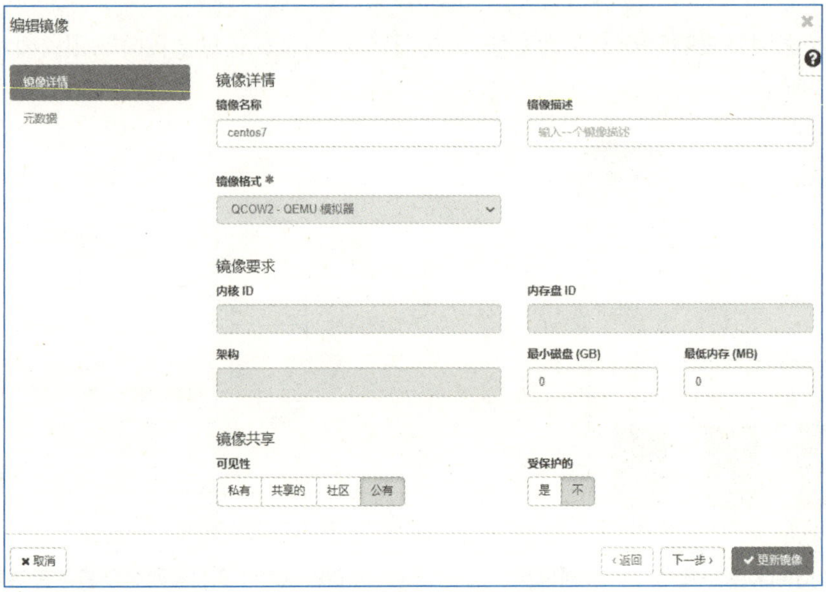

图 6.5　编辑镜像窗口

将CentOS镜像的可见性设置为"公有"，单击右下角的"更新镜像"按钮保存设置。进入实例类型管理界面，创建用于Kali Linux的实例类型，如图6.6所示。

图 6.6　创建实例类型窗口 -1

在创建Kali Linux的实例类型时，建议将规格设置得大一些，这是因为Kali Linux是自带图形界面的，并且需要安装的系统工具较多，比较消耗资源。将Kali Linux的实例类型使用权分配给"网络攻防平台"项目与admin项目，如图6.7所示。

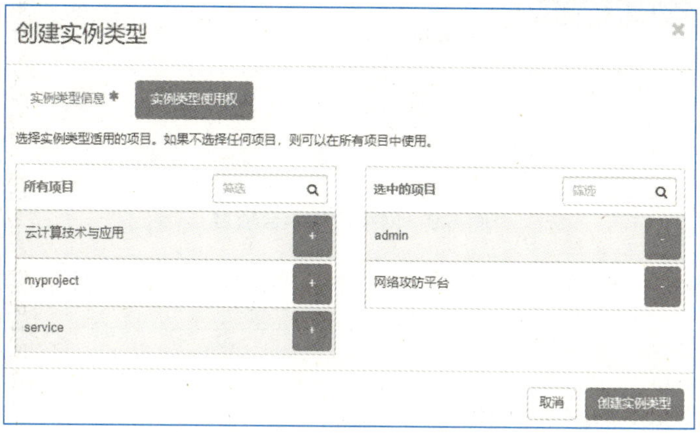

图 6.7　创建实例类型窗口 -2

实例类型配置完成后，单击创建实例类型窗口右下角的"创建实例类型"按钮即可。

任务 6.2　部署云上靶机

学习任务

OWASP（Open Web Application Security Project，开放式Web应用程序安全项目）是一个非营利组织，不附属于任何企业，它提供有关计算机和互联网应用程序的公正、实际、有成本效益的信息。其目的是协助个人、企业和机构来发现和使用可信赖软件。同时，OWASP也为广大用户提供了用于学习网络安全技术的靶机，而靶机也成为学习网络安全技术的重要条件之一。

在部署云上靶机过程中，读者需要完成以下任务。

任务6.2.1　创建云上实例

常见的OWASP靶机安装方式有两种，一种是直接下载虚拟机映像文件，通过虚拟机应用（如VMware）直接导入即可生成虚拟机，另外一种是下载靶机项目包到网站架构中，使其运行起来。其实也可以将虚拟机映像文件格式转换为QCOW2格式，但过程烦琐，没有必要。此处选择将靶机项目包下载到云上实例中，并在实例中部署网站环境。

在OpenStack云平台界面，单击界面左上角的"admin"下拉按钮，展开下拉列表，如图6.8所示。

由图6.8可知，admin下拉列表中的内容是云平台中包含的域与项目。单击"网络攻防平台"选项即可进入该项目，如图6.9所示。

图 6.8　admin 下拉列表

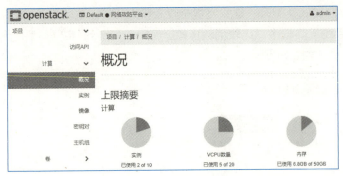

图 6.9　网络攻防平台项目

单击左侧菜单栏中的"项目"→"计算"→"主机组"选项，进入主机组管理界面，如图6.10所示。

图 6.10　主机组管理界面 -1

在主机组管理界面中，单击"创建服务器组"按钮，进入创建服务器组窗口，如图6.11所示。

图 6.11　创建服务器组窗口

管理员需要在创建服务器组窗口中设置名称与策略，其中策略包括以下4项。
- 关联：实例创建在同一个计算节点上，当该计算节点资源不够就会失败。
- 不关联：实例创建在不同计算节点上，当计算节点数不够时失败。
- 软关联：实例尽量创建在同一个计算节点上，当计算节点资源不够不会失败，会落在另一个计算节点上。
- 软不关联：实例尽量创建在不同计算节点上，当计算节点数量不够时，实例会落在同一个计算节点上。

用户可根据实际情况，选择不同的主机组策略。主机组设置完成后，单击窗口右下角的"提交"按钮即可。此处创建两个主机组，一个用于靶机创建，一个用于Kali Linux实例创建，如图6.12所示。

图 6.12　主机组管理界面 -2

在网络攻防平台项目中，通过CentOS镜像创建靶机实例，如图6.13所示。

图 6.13　创建实例——详情

在创建实例窗口的服务器组页面，将该实例添加到"靶机"组，如图6.14所示。

图 6.14　创建实例——服务器组

由于在前面的章节讲过类似步骤，此处不再赘述。

实例创建完成后，启动实例。进入安全组管理界面，配置安全组规则，如图6.15所示。

图6.15 管理安全组规则页面

单击图6.15右上角的"添加规则"按钮，进入添加规则窗口，开放HTTP规则，如图6.16所示。

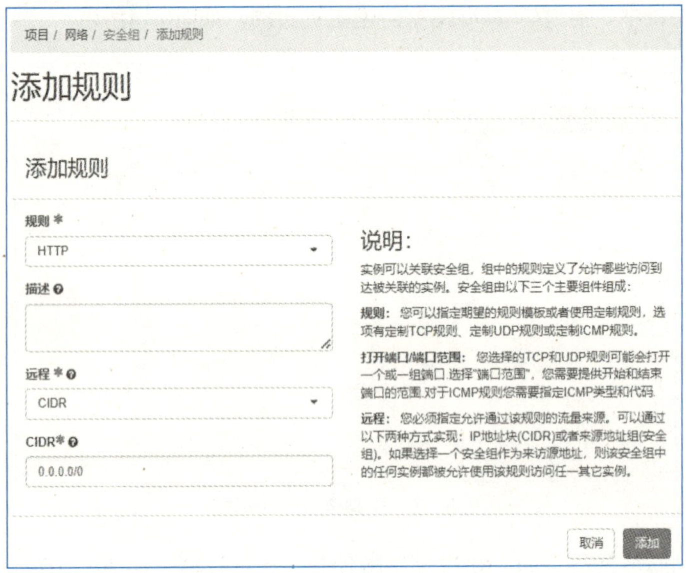

图6.16 添加规则——HTTP

规则配置完成后，单击窗口右下角的"添加"按钮即可。安装此方法依次开放HTTPS、MySQL与SSH规则，管理员可根据实际需求开放其他规则。

任务6.2.2 部署靶机网站

项目包通常需要部署到网站架构中才能对外提供服务，允许用户随时访问网站。

1. 网站架构简介

网站架构通常是指网站内部的设计结构，通过对IDC机房、网络带宽、服务器划分等多方面考虑设计出能够高效利用管理资源的网站框架。常见的软件层面的基础网站架构由四部分组成，包括：操作系统、Web服务、数据库与中间件，如图6.17所示。

图 6.17 基础网站架构

操作系统为整个网站架构提供一个平台，无论是用户还是运维工程师，对网站的所有操作都基于这个平台。常见的操作系统有Windows、Linux等。

下面介绍几种常见的基础网站架构。

（1）Linux+Tomcat+JDK+Oracle

Linux+Tomcat+JDK+Oracle是以Linux作为操作系统，Tomcat作为Web服务，JDK作为中间件，Oracle作为数据库的网站架构。其中，Tomcat属于Apache基金会。Tomcat同样是一款优秀的Web服务，专注于处理动态请求。同时，Tomcat也是Java中间件的容器，能够很好地支持Java程序在网站中运行。JDK是Java语言的软件开发工具包，其中包括Java的运行环境与Java工具。

（2）Windows+IIS+ASP.NET+MongoDB

Windows+IIS+ASP.NET+MongoDB是以Windows作为操作系统，IIS作为Web服务，ASP.NET作为中间件，MongoDB作为数据库的网站架构。其中，IIS（Internet Information Services，互联网信息服务）是由微软公司提供的一款Web服务，并且只基于Windows系统运行。与IIS相同，ASP.NET同样由微软公司提供，它是一门全新的脚本语言。

（3）Linux+Nginx+PHP+MySQL

Linux+Nginx+PHP+MySQL是以Linux作为操作系统，Nginx作为Web服务，PHP作为中间件，MySQL作为数据库的网站架构。该网站架构可简称为LNMP，与LAMP相同，也是指一类架构。

（4）Linux+Apache+PHP/Python+MySQL

Linux+Apache+PHP/Python+MySQL是以Linux作为操作系统，Apache作为Web服务，PHP/Python作为中间件，MySQL作为数据库的网站架构。该架构简称LAMP，其中，"P"可以是Python、PHP等。所以LAMP不是指一种架构，而是指一类架构的统称。

2. 部署 LAMP 环境

远程登录实例，并关闭Linux的内部与外部防火墙，具体示例如下：

```
setenforce 0
sed -ri '/^SELINUX=/cSELINUX=disabled' /etc/selinux/config
systemctl stop firewalld.service
systemctl disable firewalld.service
```

为了安装过程更快捷，建议更换国内Yum源，具体示例如下：

```
mv /etc/yum.repos.d/CentOS-Base.repo /etc/yum.repos.d/CentOS-Base.repo.backup
wget -O /etc/yum.repos.d/CentOS-Base.repo https://mirrors.aliyun.com/repo/Centos-7.repo
yum makecache
```

更新软件包与系统内核，具体示例如下：

```
yum -y update
```

更新完成后,重新启动主机,然后安装Apache,具体示例如下:

```
yum -y install httpd
```

开启Apache服务,并设置开机自启,具体示例如下:

```
systemctl start httpd
systemctl enable httpd
```

安装MariaDB数据库服务及其相关组件,具体示例如下:

```
yum -y install mariadb-server mariadb mariadb-devel
```

开启MariaDB数据库服务,并设置开机自启,具体示例如下:

```
systemctl start mariadb
systemctl enable mariadb
```

在数据中给root用户设置一个密码,具体示例如下:

```
[root@VM-16-2-centos ~]# mysql
Welcome to the MariaDB monitor.  Commands end with ; or \g.
Your MariaDB connection id is 2
Server version: 5.5.68-MariaDB MariaDB Server

Copyright (c) 2000, 2018, Oracle, MariaDB Corporation Ab and others.

Type 'help;' or '\h' for help. Type '\c' to clear the current input statement.

MariaDB [(none)]> set password = password('dvwa');
Query OK, 0 rows affected (0.00 sec)

MariaDB [(none)]> exit
Bye
```

PHP作为中间件,实现Web前端与后端数据库的交互。安装PHP及其相关组件,具体示例如下:

```
yum -y install php php-mysql php-gd libjpeg* php-imap php-ldap php-odbc php-pear php-xml php-xmlrpc php-mbstring php-mcrypt php-bcmath php-mhash libmcrypt
```

PHP及其相关组件安装完成后,重新启动Apache与数据库,具体示例如下:

```
systemctl restart httpd mariadb
```

3. 测试环节

如果部署好LAMP环节之后,需要测试该环节是否可用,那么可以将PHP的相关信息导入Web界面中,通过访问进行测试。

打开PHP配置文件,具体示例如下:

```
vim /var/www/html/phpinfo.php
```

在配置文件中添加如下内容：

```
<?php
echo "<title>Phpinfo Test.php</title>";
phpinfo()
?>
```

赋予配置文件相关权限，具体示例如下：

```
chmod -R 777 /var/www/html/phpinfo.php
```

通过浏览器访问IP/phpinfo-test.php，如果能够访问到PHP的相关信息，则表示LAMP环境成功，如图6.18所示。

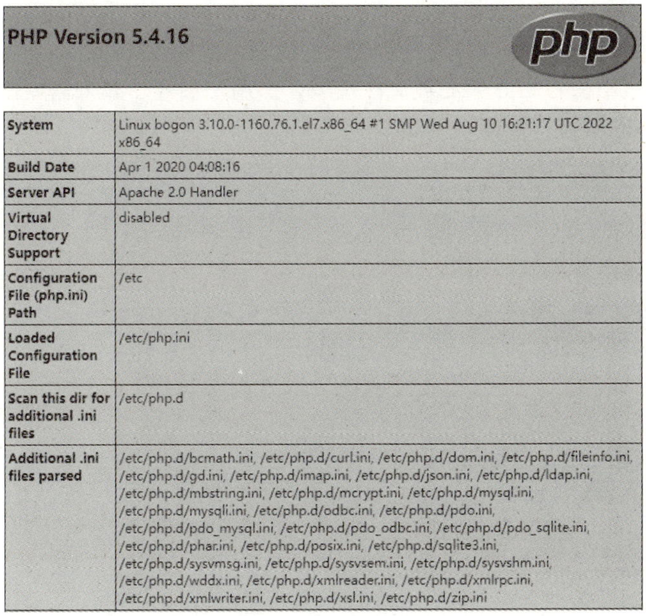

PHP Version 5.4.16

System	Linux bogon 3.10.0-1160.76.1.el7.x86_64 #1 SMP Wed Aug 10 16:21:17 UTC 2022 x86_64
Build Date	Apr 1 2020 04:08:16
Server API	Apache 2.0 Handler
Virtual Directory Support	disabled
Configuration File (php.ini) Path	/etc
Loaded Configuration File	/etc/php.ini
Scan this dir for additional .ini files	/etc/php.d
Additional .ini files parsed	/etc/php.d/bcmath.ini, /etc/php.d/curl.ini, /etc/php.d/dom.ini, /etc/php.d/fileinfo.ini, /etc/php.d/gd.ini, /etc/php.d/imap.ini, /etc/php.d/json.ini, /etc/php.d/ldap.ini, /etc/php.d/mbstring.ini, /etc/php.d/mcrypt.ini, /etc/php.d/mysql.ini, /etc/php.d/mysqli.ini, /etc/php.d/odbc.ini, /etc/php.d/pdo.ini, /etc/php.d/pdo_mysql.ini, /etc/php.d/pdo_odbc.ini, /etc/php.d/pdo_sqlite.ini, /etc/php.d/phar.ini, /etc/php.d/posix.ini, /etc/php.d/sqlite3.ini, /etc/php.d/sysvmsg.ini, /etc/php.d/sysvsem.ini, /etc/php.d/sysvshm.ini, /etc/php.d/wddx.ini, /etc/php.d/xmlreader.ini, /etc/php.d/xmlrpc.ini, /etc/php.d/xmlwriter.ini, /etc/php.d/xsl.ini, /etc/php.d/zip.ini

图 6.18　PHP 相关信息

4. 部署 DVWA

从官方网站获取DVWA项目包，具体示例如下：

```
wget https://github.com/ethicalhack3r/DVWA/archive/master.zip --no-check-certificate
```

需要注意的是，如果网站不允许非浏览器下载，那么需要添加如下代理参数“--user-agent="Mozilla/5.0 (X11;U;Linux i686;en-US;rv:1.9.0.3) Geco/2008092416 Firefox/3.0.3"”执行。如果验证不通过，那么需要添加跳过验证参数“--no-check-certificate”执行。

这里获取到的项目包是一个zip格式的压缩包，需要通过解压工具进行解压。下载解压工具，具体示例如下：

```
yum -y install unzip
```

解压项目包到网站目录下并修改文件名，具体示例如下：

```
unzip DVWA-master.zip -d /var/www/html/
```

```
mv DVWA-master DVWA
```

创建一个DVWA数据库，创建管理该数据库的用户，并授予其管理权限，具体示例如下：

```
#进入数据库
mysql -uroot -p
#创建dvwa数据库
create database dvwa;
#授予dvwa用户访问dvwa数据库的权限
grant all on dvwa.* to dvwa@localhost identified by '123';
#刷新权限
flush privileges;
#退出
exit
```

通常DVWA的项目包中会自带一个配置文件模板，供用户参考。如果需要使用配置文件模板，那么需要修改模板的配置为php格式，具体示例如下。

```
cd /var/www/html/DVWA/config
cp config.inc.php.dist config.inc.php
```

打开配置文件，具体示例如下：

```
vim config.inc.php
```

修改如下内容：

```
#...
$_DVWA[ 'db_server' ] = 'localhost';
$_DVWA[ 'db_database' ] = 'dvwa';
$_DVWA[ 'db_user' ] = 'dvwa';
$_DVWA[ 'db_password' ] = '123';
#...
#下面两个密钥可以在官网生成
$_DVWA[ 'recaptcha_public_key' ] ='6LdK7xITAAzzAAJQTfL7fu6I-0aPl8KHHieAT_yJg';
$_DVWA[ 'recaptcha_private_key' ] ='6LdK7xITAzzAAL_uw9YXVUOPoIHPZLfw2K1n5NVQ';
```

上述代码的含义解释如下。

- $_DVWA['db_server']：部署DVWA数据库的地址，如果是本地主机就写localhost，如果是其他主机就写IP地址或解析过的主机名。
- $_DVWA['db_database']：DVWA数据的名称。
- $_DVWA['db_user']：授予数据库权限的用户。
- $_DVWA['db_password']：数据库密码。

5. 安装项目

通过浏览器访问网站地址IP/var/www/html/DVWA，访问后可能会进入登录页面，如图6.19所示。

图 6.19　DVWA 登录页面

DVWA的默认用户名是admin，密码是password。登录后进入数据库配置界面，如图6.20所示。

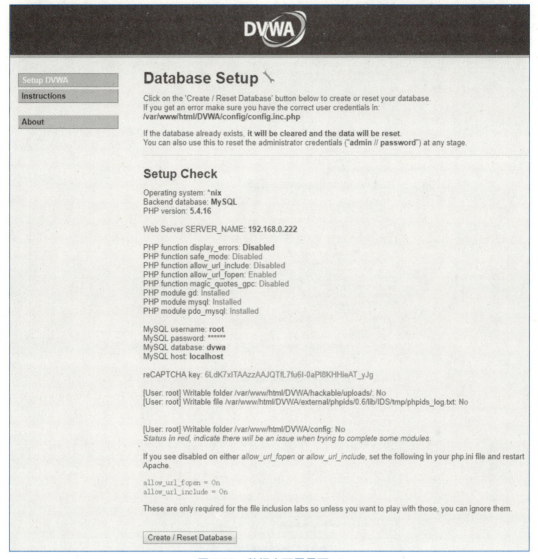

图 6.20　数据库配置界面 -1

由图6.20可知，在数据库配置界面上半部分有一个报错，代码如下：

```
PHP function allow_url_include: Disabled
```

进入/etc/php.ini文件，具体示例如下：

```
vim /etc/php.ini
```

将"allow_url_include"的值修改为"On"，具体示例如下：

```
#...
allow_url_include = On
```

重新启动Apache，并刷新浏览器界面即可，如图6.21所示。

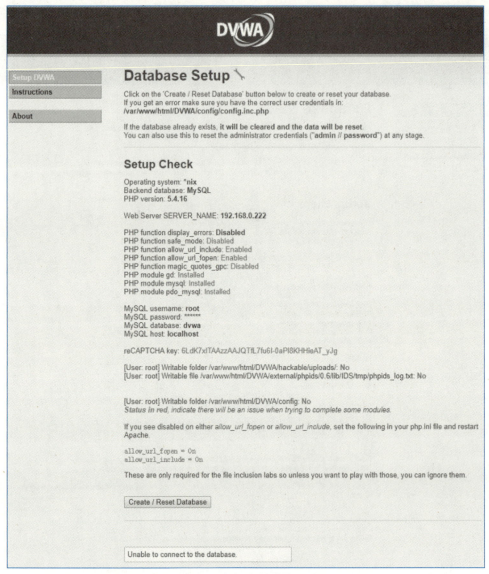

图 6.21　数据库配置界面 -2

由图6.21可知，此时"PHP function allow_url_include"的值已经变成了"Enabled"，但在页面下半部分有三个参数的值为"No"，这是因为Apache缺少对DVWA配置的权限。修改目录权限，具体示例如下：

```
chown apache:apache -R /var/www/html
```

权限修改完成后，刷新界面，单击页面下方的"Create / Reset Database"按钮。如果页面中出现"Setup successful"，则表示DVWA安装成功，如图6.22所示。

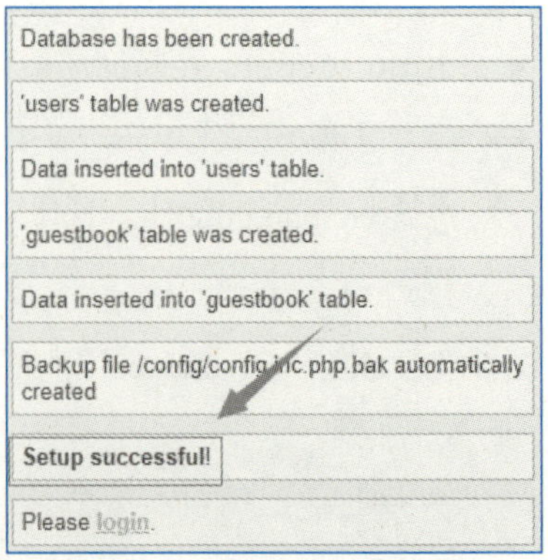

通过浏览器访问界面并登录后，即可进入DVWA主页面，如图6.23所示。

图 6.22　DVWA 界面选项

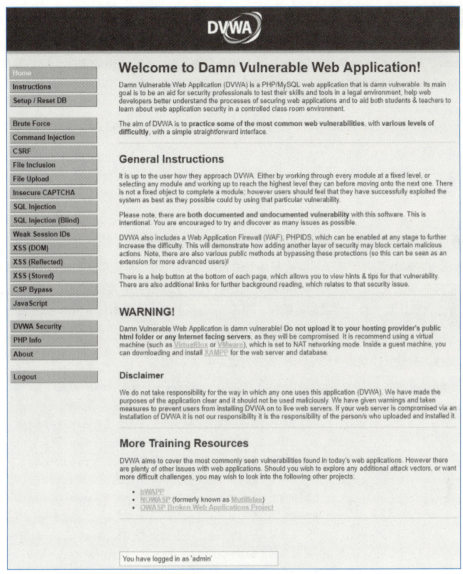

图 6.23 DVWA 主页面

此时，靶机网站已创建完成，用户可根据自身需求设置渗透环境。

任务 6.3　创建 Kali Linux 实例

学习任务

Kali Linux 是基于 Debian 的 Linux 发行版，每一季度更新一次，由 Offensive Security Ltd 维护与资助。Kali Linux 预装了许多渗透测试的软件，包括 nmap、Wireshark、John the Ripper 等，因此 Kali Linux 常用于渗透测试相关的项目。Kali Linux 系统永久免费，用户可通过硬盘、live CD、live USB 运行 Kali Linux。

在创建 Kali Linux 实例过程中，读者需要完成以下任务。

任务6.3.1　制作QCOW2格式的Kali Linux镜像

Kali Linux官方提供了多种格式的镜像文件，却没有QCOW2格式的镜像文件，但是要将Kali Linux部署到OpenStack上就需要QCOW2格式的镜像文件。因此需要通过虚拟化工具将其他格式的镜像文件转换为QCOW2格式的镜像文件。

登录一台磁盘空间较大的Linux主机，此处以CentOS 7为例，配置EPEL源，具体示例如下：

```
mv /etc/yum.repos.d/epel.repo /etc/yum.repos.d/epel.repo.backup
mv /etc/yum.repos.d/epel-testing.repo /etc/yum.repos.d/epel-testing.repo.backup
wget -O /etc/yum.repos.d/epel.repo https://mirrors.aliyun.com/repo/epel-7.repo
```

安装虚拟化工具，具体示例如下：

```
yum install qemu-kvm bridge-utils libvirt* virt-* p7zip
```

Kali Linux官方网站提供了基于不同应用场景的镜像文件，为了避免系统初始化安装的过程，建议使用基于虚拟机的镜像文件。从Kali Linux官方网站获取基于虚拟机的镜像文件，将文件下载到Linux中。镜像文件通常默认是一个7z格式的压缩包，用户需要通过p7zip将其解压，具体示例如下：

```
7za x kali-linux-2022.3-vmware-amd64.7z
```

解压完成后，查看文件目录中的VMDK文件列表，具体示例如下：

```
[root@bogon uu]# ls -lh kali-linux-2022.3-vmware-amd64.vmwarevm/
总用量 12G
-rw-r--r--. 1 root root 1.7G 8月  8 18:59 kali-linux-2022.3-vmware-amd64-s001.vmdk
-rw-r--r--. 1 root root 1.4G 8月  8 18:59 kali-linux-2022.3-vmware-amd64-s002.vmdk
-rw-r--r--. 1 root root 555M 8月  8 18:59 kali-linux-2022.3-vmware-amd64-s003.vmdk
-rw-r--r--. 1 root root  20M 8月  8 18:59 kali-linux-2022.3-vmware-amd64-s004.vmdk
-rw-r--r--. 1 root root 1.4G 8月  8 18:59 kali-linux-2022.3-vmware-amd64-s005.vmdk
-rw-r--r--. 1 root root 335M 8月  8 18:59 kali-linux-2022.3-vmware-amd64-s006.vmdk
-rw-r--r--. 1 root root 237M 8月  8 18:59 kali-linux-2022.3-vmware-amd64-s007.vmdk
-rw-r--r--. 1 root root 209M 8月  8 18:59 kali-linux-2022.3-vmware-amd64-s008.vmdk
-rw-r--r--. 1 root root 425M 8月  8 18:59 kali-linux-2022.3-vmware-amd64-s009.vmdk
-rw-r--r--. 1 root root 510M 8月  8 18:59 kali-linux-2022.3-vmware-amd64-s010.vmdk
...
```

由上述结果可知，解压后的文件大小为12 GB左右。如果Linux系统的磁盘空间太小，那么建议在转换格式之前进行磁盘扩容。

通过qemu-img命令将所有VMDK文件转换为一个QCOW2格式的文件，具体示例如下：

```
qemu-img convert -O qcow2 kali-linux-2022.3-vmware-amd64.vmwarevm/kali-linux-2022.3-vmware-amd64-s0*.vmdk kali.qcow2
```

由于源文件较大，整个格式转换的过程比较漫长。格式转换完成后，验证转换后的镜像文件，具体示例如下：

```
[root@bogon uu] # file kali.qcow2
```

```
kali.qcow2: QEMU QCOW Image (v3), 86000000000 bytes
```

由上述结果可知，在创建实例时需要大于86 GB的磁盘空间。

如果是直接在控制节点转换了镜像格式，那么可以直接从控制节点上传镜像文件，具体示例如下：

```
[root@controller ~] # . admin-openrc
[root@controller ~] # glance image-create --name "Kali-Linux" --disk-format qcow2 --container-format bare --file kali.qcow2
+------------------+----------------------------------------------------------+
| Property         | Value                                                    |
+------------------+----------------------------------------------------------+
| checksum         | 443b7623e27ecf03dc9e01ee93f67afe                         |
| container_format | bare                                                     |
| created_at       | 2022-11-14T04:03:36Z                                     |
| disk_format      | qcow2                                                    |
| id               | 078858c3-5bc7-4806-893e-3c3e00dc12a7                     |
| min_disk         | 0                                                        |
| min_ram          | 0                                                        |
| name             | kali                                                     |
| os_hash_algo     | sha512                                                   |
| os_hash_value    | 6513f21e44aa3da349f248188a44bc304a3653a04122d8fb4535423c8e|
|                  | 1d14cd6a153f735bb0982e                                   |
|                  | 2161b5b5186106570c17a9e58b64dd39390617cd5a350f78         |
| os_hidden        | False                                                    |
| owner            | 562e63b84e4949b4b7b1a626c0678980                         |
| protected        | False                                                    |
| size             | 12181700608                                              |
| status           | active                                                   |
| tags             | []                                                       |
| updated_at       | 2022-11-14T04:03:37Z                                     |
| virtual_size     | Not available                                            |
| visibility       | public                                                   |
+------------------+----------------------------------------------------------+
```

如果镜像文件不在OpenStack的控制节点上，那么需要将镜像文件传输至本地再上传。

查看镜像文件大小，具体示例如下：

```
[root@bogon uu]# ls -lh
总用量 15G
-rw-r--r--. 1 root root 2.5G 10月 31 12:09 kali-linux-2022.3-vmware-amd64.7z
drwxr-xr-x. 2 root root 4.0K 8月  8 18:59 kali-linux-2022.3-vmware-amd64.vmwarevm
-rw-r--r--. 1 root root  12G 11月  1 10:09 kali.qcow2
```

由上述结果可知，镜像的大小为12 GB左右，而lszrz工具最大支持4 GB大小的文件传输。此时需要将镜像文件进行压缩，具体示例如下：

```
tar -jcvf kali.bz2 kali.qcow2
```

压缩完成后，查看压缩包，具体示例如下：

```
[root@bogon uu]# ls -lh
总用量 18G
-rw-r--r--. 1 root root 3.5G 11月  1 10:27 kali.bz2
-rw-r--r--. 1 root root 2.5G 10月 31 12:09 kali-linux-2022.3-vmware-amd64.7z
drwxr-xr-x. 2 root root 4.0K  8月  8 18:59 kali-linux-2022.3-vmware-amd64.vmwarevm
-rw-r--r--. 1 root root  12G 11月  1 10:09 kali.qcow2
```

由上述结果可知，镜像的压缩包大小为3.5 GB，可将压缩包传输至本地，具体示例如下：

```
sz kali.bz2
```

将压缩包上传到本地后解压，并登录OpenStack云平台将解压后的镜像文件上传，具体过程此处不再赘述。

任务6.3.2　创建Kali Linux实例

登录OpenStack云平台，使用Kali Linux创建实例，如图6.24所示。

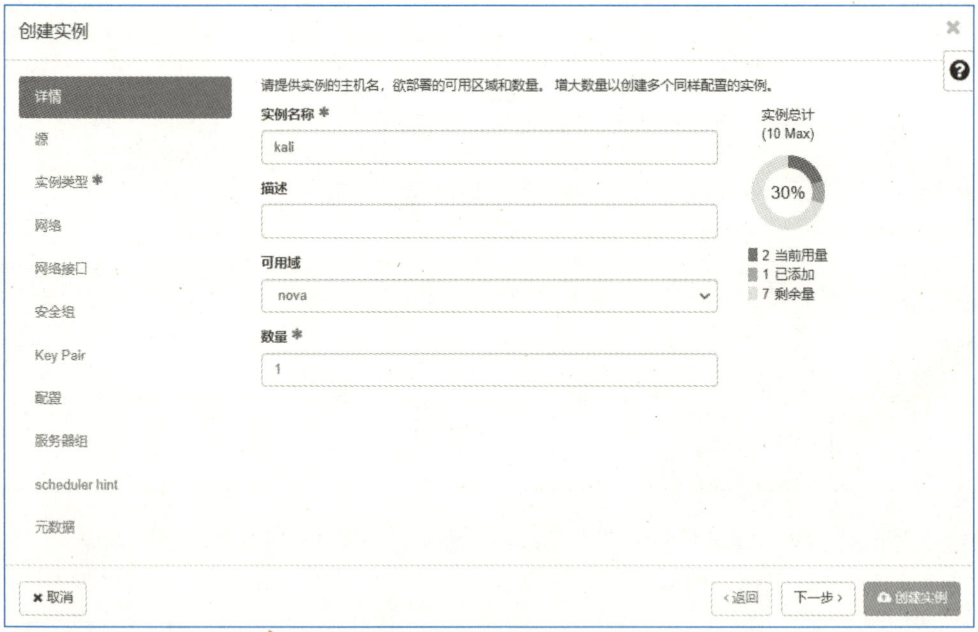

图 6.24　创建实例——详情

在实例类型界面选择在任务6.1.2中创建的实例类型，建议磁盘空间大于86 GB，内存大于2 GB，如图6.25所示。

实例配置完成后，单击右下角的"创建实例"按钮即可。等待实例创建完成后，打开控制台即可进入Kali Linux登录界面，如图6.26所示。

图 6.25 创建实例——实例类型

图 6.26 Kali Linux 登录界面

Kali Linux的初始用户名为kali，初始密码为kali，用户可使用初始用户与密码登录Kali Linux，如图6.27所示。

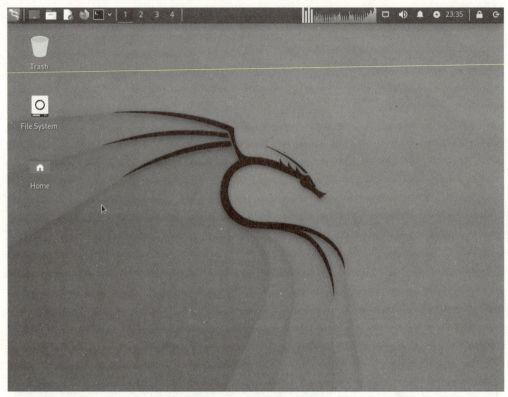

图 6.27　Kali Linux 桌面

至此，校园网络攻防平台环境部署完成，用户可同时开启靶机与 Kali Linux 进行网络攻防实践。

知识扩展

一、了解网络安全

随着当今社会互联网的迅速发展，网络安全逐渐成为人们身边一种新的隐患。于是，在 2016 年 11 月 7 日我国颁布了《中华人民共和国网络安全法》为人们在网络中保驾护航。但在现实生活中，用户仍需要时刻注意网络安全问题，防止信息泄露、网络攻击等事件的发生。

1. 了解网络安全的特征

网络安全是指一些用于保护网络、程序与数据完整性，使其免受攻击、破坏或未经授权访问的技术。

网络安全的核心功能是使信息与系统免受网络威胁的影响。这些网络威胁以多种形式存在，例如应用程序攻击、恶意软件、勒索软件、网络钓鱼、漏洞利用工具包等。在当前互联网技术迅速发展的背景下，网络黑客通常会根据这些策略发起复杂的自动化攻击，攻击成本越来越低。尤其是在政府与企业网络中，网络通常会严重威胁到一个国家的政治、军事、基础设施资产等。

网络安全的特征如下：

（1）保密性

保密性是指信息不泄露给未经授权的用户，不被其利用的特性。数据保密性就是使合法用户能够访问数据，并限制或禁止其他用户的访问。数据不仅要在存储时具备保密性，还要在传输过程中具备保密性，即数据存储保密性与网络传输保密性。

（2）完整性

完整性是指数据只能由授权的用户进行修改，无论是在存储还是传输过程中都不会被修改、破坏或丢失的特性。

（3）可用性

可用性是指数据可以被授权用户访问并按需使用的特性，即可随时存取与访问所需的信息。

（4）可控性

可控性是指计算机对信息的传输与内容具备控制能力。

2. 了解影响网络安全的因素

影响网络安全的因素并不是单一的，各种确定和不确定的因素都有可能对网络安全造成一定程度的影响，这些因素可以概括为如下5点。

（1）计算机被病毒侵袭

目前侵袭计算机网络的病毒种类较多，已经有泛滥成灾的趋势。这些病毒会通过某种途径隐藏于计算机的程序之中，当计算机中的某些条件满足病毒运行时，这些病毒就会被激活，进而蓄意篡改和破坏用户的计算机，如木马病毒、文件病毒等都是较为常见的计算机病毒。计算机网络系统一旦遭到病毒攻击，那些存储于计算机网络中的重要信息就会被泄露出去，最终对计算机网络用户造成伤害。

（2）网络系统设计

网络系统设计也会对网络安全造成一定影响。部分计算机网络在设计之初没有充分考虑其科学合理性和安全性，投入使用后，就很容易产生安全漏洞，这些漏洞就为网络安全埋下了隐患。

（3）网络拓扑结构设计

如果网络拓扑结构设计得不够科学合理，那么很有可能会影响网络通信系统的正常运行。如果其中一台计算机遭到破坏，那么整个局域网都会受到影响，计算机网络安全的安全防御性能就会变弱，计算机网络很难抵御病毒的入侵或其他外部的攻击行为，不少重要信息数据因此而被泄露或丢失。

（4）网络管理机制

如果网络管理机制不健全，没有一个明确的监督机构和评价体系，那么网络管理员就会不明白自己的职责所在，开展网络管理工作的时候就容易表现得消极，这为网络安全埋下了安全隐患。

（5）黑客攻击

计算机网络黑客的恶意攻击行为也会对网络安全造成一定的影响。

3. 了解网络安全技术的分类

目前网络安全技术大致可分为以下4类。

（1）数据加密技术

数据加密技术主要是通过密钥或密函的方式保护计算机网络信息数据。信息数据的接收者或者发送者，都必须利用密钥或者密函进行信息数据的接收或者发送，同时管理互联网中的各种相关信息数据。加密技术还能够对用户的真实信息数据进行获取，进而对网络信息数据进行动态保护。密钥和密函这样的数据加密技术不仅能防止用户的信息泄露，使互联网安全技术稳定性提高，而且能够使网络安全的安全性得到提升。

（2）防火墙技术

防火墙技术也是实现网络安全的一种重要安全技术，能够对互联网之间的各种通信行为进行监督和管理。从某种意义上讲，防火墙技术就是一种能够为可信任网络开路，而为不信任网络添设屏障的技术，进而实现对影响计算机网络安全性和稳定性因素的有效控制。当有病毒或者黑客入侵计算机网络系统时，防火墙能够对所要保护的数据进行限制，限制其被访问，进而使其躲避那些来自互联网的各种攻击，有效保护计算机网络信息数据安全。可见，防火墙技术关键就在于内网和外网之间所设置的屏障，这一屏障能够对内网的安全进行有效保护。比如，用户通过互联网传输数据时，防火墙就会按照用户所设定的程序或软件监控那些正在传输的数据，一旦有网络攻击出现，便会立即将攻击行为拦截在外，进而防止互联网中的重要信息泄露出去，以实现对用户信息安全的保护。

（3）数据备份和恢复技术

信息数据对互联网的运行和发展起着非常重大的作用，如果没有对信息数据进行备份，或者没有使用数据恢复技术，那么存储在互联网中的各种信息数据就不能得到有效保护。当这些信息数据遭到蓄意破坏或者直接丢失时，如果数据不能够恢复，则会给用户带来极大的损失，因此，对计算机网络中的数据进行备份和恢复操作是非常有必要的。数据备份和恢复技术就是利用较为先进的各种网络技术，保护计算机网络中的各种信息数据。数据备份和恢复技术是将一些重要的网络信息数据存储至计算机硬盘中，计算机的服务器磁盘阵列便会对这些信息数据自动进行备份，就算是系统崩溃或者信息数据意外丢失，服务器也能够将这些信息数据恢复到之前的状态。所以，广大用户还是要对那些比较重要的数据进行备份，以免发生重要数据丢失的情况。

（4）入侵检测技术

在网络安全的防范领域，入侵检测技术也是一种必不可少的网络安全防范技术，其中的IDS入侵检测系统能够监测和控制网络的各种进入和出入行为，并且所实施的管理和控制都是自动化的。入侵检测技术在对计算机中的网络信息进行监控的过程中，一旦发现危险行为存在，便会限制危险行为，自动对那些引起危险的因素进行分析，隔断所有存在安全隐患的信号，做出及时预警，以使相关人员引起高度重视。

二、了解常见的网络攻击技术与防御措施

随着网络的发展，网络攻击手段也在不断更新，相应的防御手段也在不断升级。采取积极有效的网络防御措施能够很大程度上杜绝网络攻击，但并不能百分之百制止网络攻击，因此需要不断更新防御措施。

1. 常见的网络攻击手段

常见的网络攻击手段分为主动与被动两类。

（1）主动攻击

主动攻击包含攻击者在未经授权的情况下访问其他用户数据的故意行为，例如远程登录到指定计算机并获取其中的信息等。简而言之，攻击者是在主动地做一些不利于个人或企业的行为。

① 信息篡改。信息篡改（Cookie Poisoning）是指将一些合法的消息进行修改、删除等操作，最终形成未授权的信息，例如将网页中原来的超链接修改为其他网站的链接。

信息篡改是以获取、模拟与隐私泄密为目的的网络攻击技术，主要是通过维护客户（或终端用户）身份的会话信息进行实现的。通过维护这些信息，攻击者可以模拟出一个有效的客户，通过该用户可以进行获取被攻击者的详细信息等行为。

② 伪造。伪造是指某一台计算机能够发送出包含其他用户或计算机身份信息的数据，以其他用户或计算机的身份获取一些信息或权限的手段。

跨站域请求伪造（Cross Site Request Forgery，CSRF）是一种伪造攻击，该攻击主要是以其他用户的身份向受攻击的网站发送伪造的请求，达到非法进行需要授权的操作，如图6.28所示。

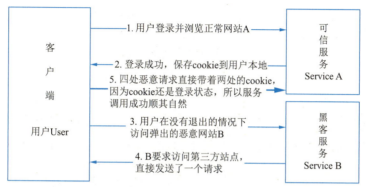

图6.28　CSRF攻击流程图解

登录受信任网站之后，将会在本地生成网站的文件。此时用户在没有退出受信任网站的情况下访问危险网站，危险网站将会向用户请求访问受信任网站，浏览器就会带着受信任网站的文件访问受信任网站。因为受信任网站无法分辨文件的来源，所以浏览器将自动带上用户的文件访问受信任网站，因此受信任网站将会根据用户的权限处理请求。

（2）被动攻击

被动攻击主要是在不被受害者察觉的情况下进行信息收集，包括嗅探、欺骗等方式。

嗅探器是嗅探攻击的关键要素，它工作在网络的底层，会在计算机的网络接口截获数据报文，并将网络中传输的全部数据记录下来。通常在用户发送一个报文时，内部网络中的设备都可以感知到流量的通过，但不会响应不属于自己的报文，而嗅探器会获取内部网络中所有的报文。

欺骗攻击是将自身伪装成其他身份与其他主机进行通信，在通信过程中进行其他攻击行为或欺骗。常见的网络欺骗攻击主要方式有：IP欺骗、ARP欺骗、DNS欺骗、Web欺骗、电子邮件欺骗、源路由欺骗等。

2. 常见的网络防御措施

针对不同的网络攻击手段，有着不同的防御措施，常见的防御措施有以下两种。

（1）身份认证技术

网络环境下的身份认证是为了辨别用户的真实身份，防止非法身份访问一些重要数据。身份认证的主要方式是通过密码学方式，包括对称加密算法、数字签名算法、非对称加密算法等。

对称加密算法将密钥与数据混合到一起进行加密，非法用户即使截获了数据也无法读取原始数据。只有拥有密钥的合法用户才能够将数据解密，并读取原始数据，且每个加密算法对应一个解密算法，如图6.29所示。

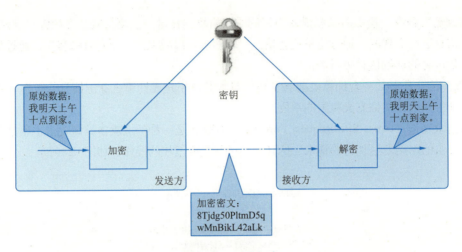

图 6.29 对称加密

非对称加密算法需要两个密钥和两个算法：一个是公开密钥，用于对消息的加密；一个是私钥（私有密钥），用于对加密消息的解密。公开密钥可以被公开，而私钥只能由合法用户掌握，如图6.30所示。

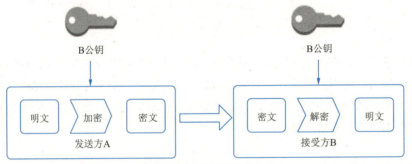

图 6.30 非对称加密

数字签名是公钥密码的一种应用，其工作原理是，用户使用自己的私钥对某些数据进行签名，验证者使用签名者的公开密钥进行验证，这样就实现了只有拥有合法私钥的人才能产生数字签名和得到用户公钥的用户才可以进行验证的功能。

（2）安全协议

TCP/IP协议族在设计之初忽略了安全性的问题，信息在传输时的安全性较差，并且接收方无法确认发送方的身份，即使被中间人修改了信息内容也无法知晓。因此，一些安全补充协议陆续出现，逐渐解决各层出现的安全问题。

IPSec协议又称IP安全协议，是IP层的安全补充协议，通过在报文头部增加额外信息实现。IPSec协议包括三个方面：认证、保密和密钥管理。IPSec存在两种运行模式：传输模式和隧道模式。传输模式的作用是保护报文的内容，通常用于两台主机之间的安全通信。隧道模式用于保护整个报文，当通信中一台主机位于网关外部时，通常使用隧道模式隐藏内部主机的IP地址。其中，AH协议与ESP协议是IPSec中的核心协议。

AH（Authentication Header，验证头部）协议，通过HMAC消息认证机制向用户提供了保护数据完整性的机制和发送方身份验证方式。AH协议会验证整个报文信息，但不提供加密服务，当报文验证失败时，将丢弃报文，不会转发给上层协议。

ESP（Encapsulating Security Payload，封装安全负载）协议，提供了验证数据完整性与验证发送方的功能，其原理与AH协议相同。但是ESP认证数据时覆盖的字段较少，仅包括ESP头部、数据部分和ESP尾部。另外，ESP还提供加密功能，采用对称加密算法，常用加密算法是3DES。

项目小结

本项目在OpenStack云平台上部署了OWASP靶机网站与Kali Linux实例，最终形成一个网络攻防平台，可供学生进行实验。通过本次学习，希望读者能够掌握OWASP靶机网站的部署方式，镜像格式转换方式，以及Kali Linux云上实例的安装方式。

项目考核

一、选择题

1. 下列选项中，属于资源池中资源的是（　　）。（2分）
   A. 内存空间　　　B. 磁盘　　　C. CPU计算占比　　　D. 存储空间
2. 下列选项中，不属于软件层面的网站架构组件的是（　　）。（2分）
   A. 中间件　　　B. 数据库　　　C. 操作系统　　　D. 对象
3. 在LAMP架构中，A指的是（　　）。（2分）
   A. Ansible　　　B. 单一的文件系统　　　C. Android　　　D. Apache
4. Kali Linux是基于（　　）系统开发。（2分）
   A. Ubuntu　　　B. RHEL　　　C. CentOS　　　D. Debian
5. 创建服务器组时，"实例创建在不同计算节点上，当计算节点数不够时失败"的策略是（　　）。（2分）
   A. 关联　　　B. 不关联　　　C. 软关联　　　D. 软不关联

二、操作题

1. 完成校园网络攻防平台环境部署。（2分）
2. 完成云上Linux实例创建。（1分）
3. 完成云上靶机网站部署。（3分）
4. 完成QCOW2格式的Kali Linux镜像制作。（3分）
5. 完成云上Kali Linux实例创建。（1分）

项目 7
部署基于容器技术的 OpenStack 云平台

项目描述

OpenStack 是当今主流的云平台部署工具集之一，能够帮助用户实现私有云平台的部署、管理等功能。当容器技术兴起时，OpenStack 的光芒逐渐暗淡下来。容器技术可以使应用程序快速可靠地运行到另一个计算环境，由于容器技术的优越性，越来越多的互联网公司开始开发容器应用，使用容器技术。即使如此，在一些特定的场景容器技术仍然无法替代 OpenStack，随着市场需求的不断变化，OpenStack 逐渐走上了容器化的道路，与容器技术相辅相成。

容器技术与 OpenStack 结合之后，能够快速部署云平台，快速解决在生产环境中出现的故障。同时，OpenStack 官方推出了 Kolla 项目，用于容器化部署 OpenStack 云平台，使 OpenStack 中的每个服务都以容器的形式运行。当某个服务故障时，只需要根据当前容器镜像重新运行容器即可。

学习目标

◎ 了解容器编排
◎ 理解容器技术工作原理
◎ 掌握部署 Docker 容器引擎的方式
◎ 掌握 Docker 容器的基本操作

典型任务

◎ 配置国内镜像源
◎ 拉取容器镜像
◎ 运行容器

项目分析

容器技术是当前主流的云计算技术之一，相较于 OpenStack，容器技术启动能够以更快的速度部署环境，以更快的速度解决 bug。但在某些特定的应用场景下，容器技术始终无法完全替代 OpenStack 技术。经过 OpenStack 与容器技术的多次版本迭代之后，二者逐渐兼容，OpenStack 云平台可通过容器技术部署，OpenStack 也推出了容器服务组件。根据目前的情况，OpenStack 与容器技术融合可能会是未来发展趋势之一。

项目描述

本项目通过容器技术部署OpenStack云平台。

在容器化部署OpenStack云平台之前，需要先了解容器的工作原理，熟悉容器的构造，掌握容器的基本操作。其中，容器的基本操作包括拉取容器镜像、运行容器、停止容器与删除容器。

容器化部署需要用到OpenStack官方推出的Kolla项目，在该项目下有一个子项目称为kolla-ansible。kolla-ansible通过将Kolla与Ansible自动部署工具合用，通过Ansible将Kolla镜像进行自动化部署。

在部署Kolla项目之前，需要准备一台符合项目需求的Linux主机，并配置两个网卡，其中一个网卡无须配置IP地址。由于Kolla项目是基于Ansible与Docker的，需要提前部署Ansible与Docker环境。kolla-ansible部署完成后，通过该工具拉取Kolla镜像，并根据镜像自动化部署OpenStack云平台。

本项目的技能描述见表7.1。

表 7.1 项目技能描述

项目名称	任 务	技能要求
部署基于容器技术的 OpenStack 云平台	掌握 Docker 工作原理	具备 Linux 基础技能
	拉取容器镜像	具备 Linux 基础技能，熟悉 Docker 工作原理
	管理容器状态	具备 Linux 基础技能，熟悉 Docker 工作原理
	部署 kolla 项目	具备 Linux 基础技能，了解 Ansible 工作原理，掌握 Docker 基本操作

任务 7.1 掌握 Docker 工作原理

学习任务

集装箱被誉为运输业与世界贸易最重要的发明。早期的货物运输时，因为如何将不同货物放在运输机上、如何减少因货物规格的不同而频繁地进行货物的装载与卸载等一系列问题浪费了大量的人力物力。为此人们发明了集装箱，根据货物的形状大小不同，使用不同规格集装箱进行装载，然后再放在运输机上运输，由于集装箱密封，只有货物到达目的地才需要拆封，在运输过程中能够在不同的运输机上平滑过渡，所以避免了资源的浪费。Docker容器就是利用了集装箱的思想，为应用程序提供了一个基于容器的标准化运输系统。Docker可以将任何应用及其依赖包打包成一个轻量级、可移植、自包含的容器。

在掌握Docker工作原理过程中，读者需要完成以下任务。

任务7.1.1 了解容器工作原理

Docker是一个开源的容器引擎，它可以将开发者打包好的应用程序在Docker空间中运行起来。当一台物理机中运行多个Docker容器时，就算其中一个容器发生故障，也不会影响到整个业务。Docker技术之所以独特是因为它专注于开发人员和系统操作员的需求，以将应用程序依赖项与基础架构分开。目前，容器无处不在，Linux、Windows、数据中心、公有云等，都可以看到容器的影子。

传统的虚拟化技术是模拟出一套硬件，在其上运行一套完整的操作系统，拥有自己独立的内核。虚拟机包含应用程序，必要的库或二进制文件，以及一个完整的Guest操作系统；而容器没有进行硬件虚拟，容器包含应用程序和它所有的依赖，容器中的应用进程直接运行在宿主机的内核上，与宿主机共享内核，因此容器要比传统的虚拟机更加轻便。

容器技术与虚拟化技术都将需要运行的东西进行隔离，形成一个独立的运行空间，与宿主机系统互不干扰，但又相辅相成。虚拟化技术是基于系统的隔离，它将物理层面的资源进行隔离，如图7.1所示。

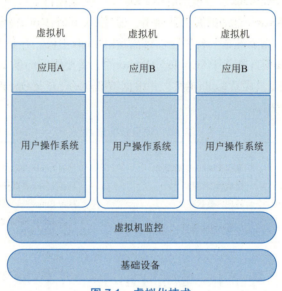

图 7.1 虚拟化技术

而容器技术与之不同，容器的隔离空间中运行的是应用程序，是基于程序的隔离，不需要将系统隔离，如图7.2所示。

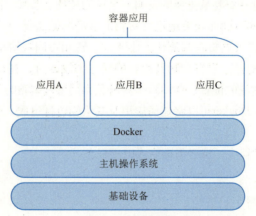

图 7.2 容器技术

在如今容器技术已然成熟的阶段，容器为开发人员与运维人员提供了更大的灵活性。容器可以快速部署，提供不变的基础架构。它们还取代了传统的修补过程，使组织可以更快地响应问题，并使应用程序更易于维护。

容器化之后，可以将应用程序部署在任何基础架构上，例如，虚拟机上、服务器上以及运行不同虚拟机管理程序的各种云平台上。许多企业从在虚拟化基础架构上运行容器开始，发现无须更改代码即可更轻松地将其迁移到云。

容器本身具有固有的安全性。Docker容器在应用程序之间以及应用程序与主机之间创建隔离层，并通过限制对主机的访问，减少主机对外暴露的面积，从而保护了主机与主机上的其他容器。在服务器上运行的Docker容器具有与在虚拟机上运行时相同的高级限制，来保证业务的安全性。但是，Docker容器还可以通过保护虚拟机本身并为主机提供深度防御来与虚拟化技术完美结合。

任务7.1.2 了解容器编排

在以往的项目交付过程中，开发与运维常常出现问题，总会出现在开发过程中能够正常运行，到了运维人员那里却无法正常运行的情况，使业务不能在第一时间完成上线，导致整个交付过程效率低下。

Docker提供了一种全新的发布机制。这种发布机制，是使用Docker镜像作为统一的软件制品载体，使用Docker容器统一环境运行，通过Docker Hub提供镜像统一协作，最重要的是使用Docker file定义容器内部行为和容器关键属性来做支撑，从而使整个开发交付周期都保持了环境的统一，大大提高了产品交付效率。

Docker file处于整个机制的核心位置。因为在Docker file中，不仅能定义使用者要在容器中进行的操作，而且能定义容器中运行软件需要的配置，实现了软件开发和运维能够在一个配置文件上达成统一。运维人员能够使用Docker file在不同场合下部署出与开发环境一模一样的Docker容器出来。

容器的出现和普及为开发者提供了良好的平台和媒介，使传统的开发和运维变得更加简单与高效。Docker本身非常适合用于管理单个容器，但真正的生产环境中还会涉及多个容器的封装和服务之间的协同处理。这些容器必须跨过多个服务器主机进行部署与连接，单一的管理方式已经满足不了业务的需求。在这种情况下，容器编排工具应运而生，Kubernetes便是其中的佼佼者。

Kubernetes（来自希腊语，意为"舵手"或"领航员"，因为"K"与"s"之间有8个字母，所以业内人士又称其为"K8s"），基于Go语言开发，是谷歌公司发起并维护的开源容器集群管理系统，底层基于Docker、rkt等容器技术，其前身是谷歌开发的Borg系统。Borg系统在谷歌内部已经应用了十几年，管理过20多亿个容器。在积累多年经验后，谷歌公司将Borg系统重写完善并贡献给了Linux基金会下属的云原生计算基金会（CNCF），重写后的容器管理项目就是现在的Kubernetes。

Kubernetes系统支持用户通过模板定义服务配置，当用户将配置信息提交后，系统会自动完成对应用容器创建、部署、发布、伸缩、更新等管理，使服务运行在指定状态。自系统发布以来吸引了如RedHat等知名互联网公司与容器爱好者的关注，成为目前容器集群管理最优秀的开源项目之一。

Kubernetes直接面向服务，提高了云应用的可移植性，使云应用能够在不同的云之间进行迁移，甚至可以管理混合云。

任务 7.2　拉取容器镜像

学习任务

Docker镜像是Docker容器的基石，容器是镜像的运行实例，有了镜像才能启动容器。Docker镜像是一个只读的模板，一个独立的文件系统，包括了运行一个容器所需的数据，可以用来创建容器。

在拉取容器镜像过程中，读者需要完成以下任务。

任务7.2.1　理解Docker镜像构造

Docker镜像是一个只读的文件系统，是由一层一层的文件系统组成，每一层仅包含了前一层的差异部分，这种层级的文件系统称为UnionFS。大多数Docker镜像都是在base镜像的基础上进行构建的，每进行一次新的创建就会在镜像上构建一个新的UnionFS。

当用户将镜像放在容器中运行时，会在原先的层级上创建一个可读可写层（Read-Write Layer），用户对Docker的操作都通过可读可写层。如果用户修改了一个已存在的文件，那么该文件将会从可读可写层下的只读层复制到可读可写层，该文件的只读版本仍然存在，只是已经被可读可写层中该文件的副本所隐藏。

可读可写层又称容器层，只读层又称镜像层，容器层之下均为镜像层，层级结构如图7.3所示。

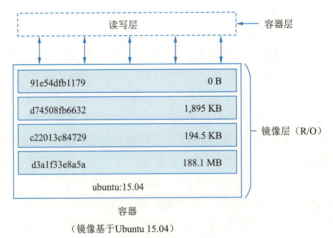

图 7.3　镜像层级结构

镜像的这种分层机制最大的优势之一就是各层级之间能够共享资源。

为了将零星的数据整合起来，提出了镜像层（Image Layer）概念，如图7.4所示。

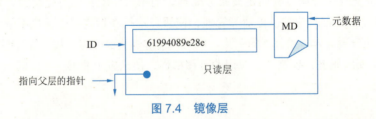

图 7.4　镜像层

元数据（Metadata）就是关于这个层的额外信息，它能够包含Docker运行时的信息与父镜像层的信息，并且只读层与可读可写层都包含元数据，如图7.5所示。

除此之外，每一层还有一个指向父镜像层的指针。如果没有这个指针，说明它处于底层，是一个基础镜像，如图7.6所示。

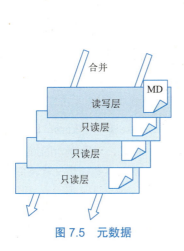
图 7.5 元数据

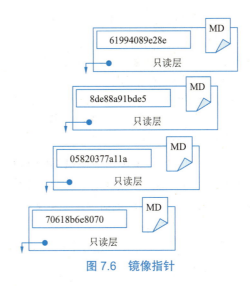
图 7.6 镜像指针

任务7.2.2 掌握镜像拉取方式

Docker的官方镜像库是Docker Hub,上面发布了成千上万的公共镜像供全球用户使用。用户可以直接拉取(下载)所需要的镜像,提高了工作效率。但是在很多工作环境中,对于镜像有特殊需求时,就需要手动构建镜像。

base镜像是指完全从零开始构建的镜像,以至于它不会依赖其他镜像,甚至它会成为被依赖的镜像,其他镜像以它为基础进行扩展。

通常base镜像都是Linux的系统镜像,如Ubuntu、CentOS、Debian等。

下面通过Docker拉取一个base镜像,并查看,这里以CentOS为例,具体示例如下:

```
[root@docker ~]# docker pull centos
Using default tag: latest
Trying to pull repository Docker.io/library/centos ......
latest: Pulling from Docker.io/library/centos
Digest: sha256:307835c385f656ec2e2fec602cf093224173c51119bbebd602
c53c3653a3d6eb
Status: Image is up to date for Docker.io/centos:latest
[root@docker ~]# docker images centos
REPOSITORY            TAG        IMAGE ID       CREATED       SIZE
Docker.io/centos      latest     67fa590cfc1c   4 weeks ago   202 MB
```

由上述结果可知,一个CentOS系统镜像大小只有202 MB,但在安装系统时,一个CentOS系统有几GB。这是因为容器会与宿主机共用同一个系统内核,假设宿主机的系统是Ubuntu 16.04,kernel版本是4.4.0,无论base镜像原本的发行版kernel版本是多少,在这台宿主机上都是4.4.0。

下面通过示例来验证,具体示例如下:

```
[root@ubuntu ~]# uname -r
```

```
#查看宿主机kernel版本信息
3.10.0-957.el7.x86_64
[root@ubuntu ~]# docker run -it centos
#进入CentOS base镜像
[root@74c29dff666d /]# uname -r
#查看CentOS base镜像的kernel版本信息
3.10.0-957.el7.x86_64
```

由上述结果可知，base镜像与宿主机的kernel版本都是3.10。base镜像的kernel是与宿主机共享的，base镜像的kernel版本与宿主机是一致的，并且不能进行修改。通常，对Docker的操作命令都是以"Docker"开头。pull是下载镜像的命令，在英文中是"拉"的意思，所以下载镜像又称拉取镜像。

查看本地镜像，具体示例如下：

```
[root@docker ~]# docker images
#查看本地的镜像
REPOSITORY            TAG       IMAGE ID        CREATED         SIZE
Docker.io/nginx       latest    881bd08c0b08    6 days ago      109 MB
Docker.io/centos      latest    1e1148e4cc2c    3 months ago    202 MB
Docker.io/ubuntu      15.04     d1b55fd07600    3 years ago     131 MB
```

在命令中添加"-a"选项可以查看所有本地镜像，具体示例如下：

```
[root@docker ~]# docker -a images
#查看本地的镜像
REPOSITORY            TAG       IMAGE ID        CREATED         SIZE
Docker.io/nginx       latest    881bd08c0b08    6 days ago      109 MB
Docker.io/centos      latest    1e1148e4cc2c    3 months ago    202 MB
Docker.io/ubuntu      15.04     d1b55fd07600    3 years ago     131 MB
```

任务 7.3 管理容器状态

学习任务

镜像是构建容器的蓝图，Docker以镜像为模板，构建出容器。容器在镜像的基础上被构建，也在镜像的基础上运行，容器依赖于镜像。

在管理容器状态过程中，读者需要完成以下任务。

任务7.3.1 运行容器

使用docker run命令可以运行容器，它在底层其实是docker create与docker start两条命令的结合体，运行容器需要先基于镜像创建一个容器，然后启动容器，完成一个容器的运行，如图7.7所示。

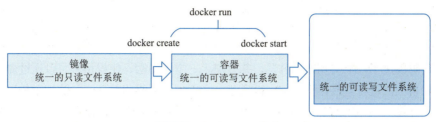

图 7.7 docker run 命令

基于镜像启动一个新容器，并打印当月日历，具体示例如下：

```
[root@docker ~]# docker run centos cal
     March 2019
Su Mo Tu We Th Fr Sa
                1  2
 3  4  5  6  7  8  9
10 11 12 13 14 15 16
17 18 19 20 21 22 23
24 25 26 27 28 29 30
31
```

由上述结果可知，日历已经被打印出来，但无法看到容器是否运行。

ps命令在Linux系统中用来查看进程，在Docker中被用来查看容器，因为运行中的容器也是一个进程，具体示例如下：

```
[root@docker ~]# docker ps -a
CONTAINER ID   IMAGE   COMMAND   CREATED         STATUS              PORTS    NAMES
1cb9529d1553   centos  "cal"     15 seconds ago  Exited (0) 13 seconds ago    peaceful_raman
```

由上述结果可知，以centos镜像为基础运行了一个Docker容器，并传了一个cal（打印当前月份日历）的命令，容器正常启动并执行了cal命令。

除此之外，还可以通过指定参数，启动一个bash交互终端，代码如下：

```
[root@docker ~]# docker run -it centos /bin/bash
[root@da24e972fc96 /]# cal
     March 2019
Su Mo Tu We Th Fr Sa
                1  2
 3  4  5  6  7  8  9
10 11 12 13 14 15 16
17 18 19 20 21 22 23
24 25 26 27 28 29 30
31
[root@da24e972fc96 /]# exit
exit
[root@docker ~]# docker ps -a
```

```
CONTAINER ID    IMAGE    COMMAND      CREATED          STATUS                   PORTS    NAMES
da24e972fc96    centos   "/bin/bash"  47 seconds ago   Exited (0) 4 seconds ago           kickass_shirley
1cb9529d1553    centos   "cal"        14 minutes ago   Exited (0) 14 minutes ago          peaceful_raman
```

通过上述代码创建了一个交互式的容器，并分配了一个伪终端，使得用户可以通过命令行与容器进行交互。终端对宿主机进行直接操作，宿主机通过一个虚拟的终端将对Docker的指令传输给容器，这个虚拟终端就是伪终端，可以对容器进行直接操作。"-it"表示两个选项，分别是-i与-t，-i表示捕获标准输入/输出，-t表示分配一个终端或控制台。

1. 自动重启的容器

运行一个正常的容器，具体示例如下：

```
[root@docker ~]# docker run -it centos
#启动一个可交互的容器
[root@65cb31dfd7ea /]# exit
#退出容器
exit
```

在新创建的容器中，使用exit命令即可退出容器，但容器也将停止运行。

查看容器状态，具体示例如下：

```
[root@docker ~]# docker ps -a
CONTAINER ID    IMAGE    COMMAND      CREATED          STATUS                    PORTS    NAMES
65cb31dfd7ea    centos   "/bin/bash"  16 seconds ago   Exited (0) 10 seconds ago          naughty_dijkstra
```

由上述结果可知，容器此时的状态为"Exited"，说明容器已经被终止。

运行一个添加参数的容器，具体示例如下：

```
[root@docker ~]# docker run -it --restart=always centos
#添加--restart参数
[root@fe2da85f63bc /]# exit
#退出容器
exit
```

验证容器的状态，具体示例如下：

```
[root@docker ~]# docker ps -a
CONTAINER ID    IMAGE    COMMAND      CREATED          STATUS                    PORTS    NAMES
fe2da85f63bc    centos   "/bin/bash"  9 seconds ago    Up 3 seconds                       hopeful_curie
65cb31dfd7ea    centos   "/bin/bash"  48 seconds ago   Exited (0) 42 seconds ago          naughty_dijkstra
```

由上述结果可知，容器此时不是关闭的，而是在运行状态。这是因为添加了--restart参数的容器被终止后自动重启。

2. 自定义容器名称

运行一个自定义名称的容器，具体示例如下：

```
[root@docker ~]# docker run -d --name=test centos
031ecf946d7d6d0556ff167373fe663ec6ed225f66c4a2531cb42d966f4fb65b
[root@docker ~]# docker ps -a
CONTAINER ID    IMAGE    COMMAND      CREATED         STATUS                   PORTS    NAMES
031ecf946d7d    centos   "/bin/bash"  7 seconds ago   Exited (0) 6 seconds ago          test
```

由上述结果可知,创建容器时添加了-name参数来定义容器名称。创建之后容器的名字就是之前指定的test。

3. 开启端口的容器

创建一个开启80端口的容器,具体示例如下:

```
[root@docker ~]# docker run -d -p 80:80 nginx
#-p参数冒号之前的是宿主机端口号,之后的是容器端口号
ccb2a930fdeb62516b6fd25e959f972de7a5fd8821196a07d1fedecab8287d48
[root@docker ~]# docker ps -a
CONTAINER ID   IMAGE   COMMAND              CREATED         STATUS         PORTS                NAMES
ccb2a930fdeb   nginx   "nginx -g 'daemon ..."  5 seconds ago   Up 3 seconds   0.0.0.0:80->80/tcp   romantic_clarke
```

上述代码中,冒号之前是宿主机端口号,冒号之后是容器的端口号,"80:80"表示宿主机的80端口映射到容器的80端口上。由上述结果可知,容器正在运行,并且可以看到开启了80端口。

使用curl工具访问容器端口,具体示例如下:

```
[root@docker ~]# curl -I 192.168.56.135:80
#使用curl工具访问测试
HTTP/1.1 200 OK
Server: nginx/1.15.9
Date: Tue, 19 Mar 2019 10:44:09 GMT
Content-Type: text/html
Content-Length: 612
Last-Modified: Tue, 26 Feb 2019 14:13:39 GMT
Connection: keep-alive
ETag: "5c754993-264"
Accept-Ranges: bytes
```

访问容器80端口的返回值为200,说明容器端口能够被用户正常访问。

停止容器,并再次访问容器端口,具体示例如下:

```
[root@docker ~]# docker stop ccb
#停止容器
ccb
[root@docker ~]# curl -I 192.168.56.135:80
curl: (7) Failed connect to 192.168.56.135:80; Connection refused
```

再次访问容器端口时,连接被拒绝,说明之前的服务是由Docker容器提供的,只是通过宿主机的端口向外网开放。

4. 与宿主机共享目录的容器

在宿主机中创建需要共享的目录与文件,具体示例如下:

```
[root@docker ~]# mkdir test
#在宿主机中创建共享目录
[root@docker ~]# touch /root/test/a.txt /root/test/b.txt
[root@docker ~]# ls /root/test/
a.txt  b.txt
```

在/root/test/目录下分别创建了a.txt与b.txt两个文件，接着创建一个可以共享这两个文件的容器，具体示例如下：

```
[root@docker ~]# docker run  -it -v  /root/test/:/root/test/ --privileged
Docker.io/nginx /bin/bash
#运行容器，并挂载共享目录，冒号（：）前面的是宿主机目录，后面的是容器目录
root@1a677b809243:/# ls /root/test/
a.txt  b.txt
```

-v参数用来指定文件路径，--privileged参数用来给用户添加操作权限。由上述结果可知，目录与文件共享成功。

任务7.3.2　停止容器

在特定情况下，有时会需要将容器暂停。使用docker pause与docker unpause命令可以对容器进行暂停与激活容器的操作，并且暂停状态的容器不会占用宿主机CPU资源。

当不再需要业务运行时，就要将容器关闭，关闭时可以使用docker stop命令。当遇到特殊情况而无法关闭容器时，还可以使用docker kill命令强制终止容器，具体示例如下。

```
[root@docker ~]# docker kill 10d
10d
[root@docker ~]# docker ps -a
CONTAINER ID  IMAGE  COMMAND                 CREATED         STATUS            PORTS    NAMES
10d9163aa4f6  nginx  "nginx -g 'daemon ......"  53 minutes ago  Exited (137) 3 seconds ago  wizardly_jepsen
```

上述示例中，使用docker kill命令强制终止了容器。

企业中，通常有大量的容器需要操作，一个一个操作会浪费大量的人力及时间成本。在这种情况下，可以将Docker命令与正则表达式结合起来，实现对容器的批量操作。

查看运行中容器的ID号，实例代码如下：

```
[root@docker ~]# docker ps -q
03693b45d093
d7748195aafa
7f9c59ef5c32
d971340be388
a0ccc87e775d
#docker ps -q命令可以筛选出当前正在运行容器的唯一ID号
```

使用正则表达式根据运行中容器的ID号关闭正在运行的容器，具体示例如下：

```
[root@docker ~]# docker stop 'docker ps -q'
03693b45d093
d7748195aafa
7f9c59ef5c32
d971340be388
a0ccc87e775d
```

上述示例中，运用docker stop命令与正则表达式批量终止了运行中的容器，该命令还有另一种编写方式，具体示例如下：

```
[root@docker ~]# docker stop 'docker ps -a | grep Up | awk '{print $1}''
```

另外，使用类似方法还可以对容器进行批量删除、启动等操作。

执行docker stop时，首先给容器发送一个TERM信号，让容器做一些退出前必须做的保护性、安全性操作，然后让容器自动停止运行，如果在一段时间内，容器没有停止，再执行kill -9指令，强制终止容器。

执行docker kill时，不论容器是什么状态，在运行什么程序，若直接执行kill -9指令，则会强制终止容器的运行。

任务7.3.3 删除容器

通常一些容器使用不久就会闲置，长期积累会导致不必要的资源浪费，所以需要及时清理闲置的容器。

docker rm命令用于删除容器，下面介绍删除容器的方法。

1. 方法一

查看所有容器及其状态，具体示例如下：

```
[root@docker ~]# docker ps -a
CONTAINER ID   IMAGE               COMMAND                  CREATED          STATUS                      PORTS    NAMES
ea5118a741d2   Docker.io/busybox   "sh"                     9 seconds ago    Exited (0) 8 seconds ago             stoic_kilby
4ac6ca697b72   centos              "/bin/bash"              26 seconds ago   Exited (0) 25 seconds ago            friendly_thompson
510d8dc5833d   nginx               "nginx -g 'daemon ......"   47 seconds ago   Exited (0) 43 seconds ago            elegant_visvesvaraya
e3977de07341   nginx               "nginx -g 'daemon ......"   7 seconds ago    Up 5 seconds                80/tcp   youthful_bartik
```

由上述结果可知，目前宿主机中有三个处于终止状态的容器，以及一个处于运行状态的容器。

结合正则表达式与docker rm命令列出处于终止状态的容器并进行删除，具体示例如下：

```
[root@docker ~]# docker rm 'docker ps -a | grep Exited | awk '{print $1}''
ea5118a741d2
4ac6ca697b72
510d8dc5833d
```

上述示例中，使用docker rm命令结合正则表达式实现了批量删除容器，并返回被删除的容器ID。

查看并确认容器已删除，具体示例如下：

```
[root@docker ~]# docker ps -a
CONTAINER ID   IMAGE   COMMAND                    CREATED          STATUS         PORTS    NAMES
e3977de07341   nginx   "nginx -g 'daemon ......"   20 seconds ago   Up 5 seconds   80/tcp   youthful_bartik
```

由上述结果可知，处于终止状态的容器已经被删除，运行状态的容器并没有被删除。

2. 方法二

查看所有容器及其状态，具体示例如下：

```
[root@docker ~]# docker ps -a
CONTAINER ID   IMAGE    COMMAND                  CREATED          STATUS                      PORTS    NAMES
8c2b5697c6bb   nginx    "nginx -g 'daemon ......"   44 seconds ago   Up 44 seconds               80/tcp   zealous_noether
510bb41bbc7c   nginx    "nginx -g 'daemon ......"   53 seconds ago   Exited (0) 49 seconds ago            gifted_euclid
5fb567c7b78e   centos   "/bin/bash"                 59 seconds ago   Exited (0) 59 seconds ago            lucid_hamilton
e3977de07341   nginx    "nginx -g 'daemon ......"   22 minutes ago   Exited (0) 7 seconds ago             youthful_bartik
```

由上述结果可知，有三个处于终止状态的容器，有一个处于运行状态的容器。

使用docker rm命令结合正则表达式列出所有容器ID并删除容器，具体示例如下：

```
[root@docker ~]# docker rm `docker ps -a -q`
510bb41bbc7c
5fb567c7b78e
e3977de07341
Error response from daemon: You cannot remove a running container 8c2b5697c6bb0b4201be20b0d5abd05545768da6e5691054c8e909d65fe0783e. Stop the container before attempting removal or use -f
```

由上述结果可知，命令的执行发生了报错，大意是：无法删除一个正在运行的容器，可以使用-f参数强制执行。

查看当前容器状态，具体示例如下：

```
[root@docker ~]# docker ps -a
CONTAINER ID   IMAGE   COMMAND                  CREATED            STATUS              PORTS    NAMES
8c2b5697c6bb   nginx   "nginx -g 'daemon ......"   About a minute ago Up About a minute   80/tcp   zealous_noether
```

由上述结果可知，docker rm命令结合正则表达式删除了三个Exited状态的容器，运行中的容器没有被删除。

根据报错提示在命令中添加一个-f参数，表示强制删除，具体示例如下：

```
[root@docker ~]# docker rm -f `docker ps -a -q`
8c2b5697c6bb
```

由上述结果可知，处于运行状态中的容器已经被删除。

3. 方法三

查看当前容器及其状态，具体示例如下。

```
[root@docker ~]# docker ps -a
CONTAINER ID   IMAGE   COMMAND                  CREATED          STATUS                    PORTS    NAMES
988872c565e9   nginx   "nginx -g 'daemon ......"   45 minutes ago   Exited (0) 45 minutes ago          quizzical_saha
acbc7a2e533e   nginx   "nginx -g 'daemon ......"   45 minutes ago   Exited (0) 45 minutes ago          loving_edison
870aff88deb2   nginx   "nginx -g 'daemon ......"   45 minutes ago   Exited (0) 45 minutes ago          infallible_swartz
8c2b5697c6bb   nginx   "nginx -g 'daemon ......"   About an hour ago Up About an hour         80/tcp   zealous_noether
```

使用docker rm命令结合docker ps -q -f status=exited命名筛选出处于终止状态的容器ID，并删除容器，具体示例如下：

```
[root@docker ~]# docker rm (docker ps -q -f status=exited)
988872c565e9
```

```
acbc7a2e533e
870aff88deb2
```

查看容器是否被删除，示例代码如下：

```
[root@docker ~]# docker ps -a
CONTAINER ID   IMAGE   COMMAND                  CREATED          STATUS              PORTS    NAMES
8c2b5697c6bb   nginx   "nginx -g 'daemon ......"   About an hour ago   Up About an hour   80/tcp   zealous_noether
```

由上述结果可知，处于终止状态的容器都已经被删除。

4. 方法四

从Docker 1.13版本开始，就可以使用docker container prune命令，删除处于终止状态的容器。

查看当前容器及其状态，具体示例如下：

```
[root@docker ~]# docker ps -a
CONTAINER ID   IMAGE   COMMAND                  CREATED             STATUS                  PORTS    NAMES
24347ec204bc   nginx   "nginx -g 'daemon ......"   3 seconds ago       Exited (0) 2 seconds ago         silly_lamport
b9c80ff1c972   nginx   "nginx -g 'daemon ......"   6 seconds ago       Exited (0) 4 seconds ago         wonderful_noether
a96517fb346c   nginx   "nginx -g 'daemon ......"   7 seconds ago       Exited (0) 6 seconds ago         festive_pare
8c2b5697c6bb   nginx   "nginx -g 'daemon ......"   About an hour ago   Up About an hour        80/tcp   zealous_noether
```

使用命令开始删除所有处于终止状态的容器，具体示例如下：

```
[root@docker ~]# docker container prune
WARNING! This will remove all stopped containers.
#警告：将要删除所有终止的容器
Are you sure you want to continue? [y/N] y
#是否要继续
Deleted Containers:
24347ec204bc6703a2ffd645763eb44864576e1a7db8542b8249f51ee4a88317
b9c80ff1c972f2026173d79e0540b2743f318deca11ab6670ff0784d41f82318
a96517fb346c2568f8ceb6e259e2142c941be68035d5b55916ccf41a2df09628
#删除了三个处于终止状态的容器
Total reclaimed space: 0 B
#总释放大小
```

由上述结果可知，当执行docker container prune命令之后，系统会向用户发出警告信息，并询问是否要继续。docker container prune会直接删除所有处于终止状态的容器，为了防止用户将有用的容器删除，于是在执行命令时会有警告信息与询问信息。这时，如果确认要删除的话，只需要输入"y"即可，如果不确认，输入"n"即可阻止命令执行。示例中，删除了所有处于终止状态的容器，并在命令执行成功之后返回一个释放内存的值。

查看当前容器及其状态，具体示例如下。

```
[root@docker ~]# docker ps -a
CONTAINER ID   IMAGE   COMMAND                  CREATED             STATUS             PORTS    NAMES
8c2b5697c6bb   nginx   " nginx -g 'daemon ......"   About an hour ago   Up About an hour   80/tcp   zealous_noether
```

由上述结果可知，处于终止状态的容器已经被删除，而处于运行状态的容器并没有受到影响。

任务 7.4 部署 Kolla 项目

学习任务

Kolla是OpenStack项目下的一个子项目，其目的是构建基于容器技术的OpenStack云平台环境。Kolla-ansible是一个Kolla的子项目，其作用是通过Ansible自动化部署Kolla容器镜像。

在部署Kolla项目过程中，读者需要完成以下任务。

任务7.4.1 环境部署

准备一台Linux主机，配置见表7.2。

表 7.2 Kolla 主机配置

硬件	要求
内存	建议 16 GB 及以上，最少 8 GB
CPU	双核或以上，且支持虚拟化
硬盘	建议 100 GB 及以上
网卡	双网卡，桥接模式

1. 配置软件源

登录Linux主机，备份系统默认Yum源，具体示例如下：

```
mv /etc/yum.repos.d/CentOS-Base.repo /etc/yum.repos.d/CentOS-Base.repo.backup
```

下载国内Yum源，具体示例如下：

```
curl -o /etc/yum.repos.d/CentOS-Base.repo https://mirrors.aliyun.com/repo/Centos-7.repo
```

更新Yum源缓存，具体示例如下：

```
yum makecache
```

EPEL（Extra Packages for Enterprise Linux）是基于Fedora的一个项目，为"红帽系"操作系统提供额外的软件包，适用于RHEL、CentOS等Linux系统发行版。简单来说，EPEL源就是独立于Yum官方源之外的一个扩展源。由于，Yum源中的软件包种类不够丰富、版本更新缓慢等问题，所以由EPEL源来解决这一系列问题，例如在原本的Yum源中无法找到Nginx软件包，但在EPEL源中可以。

通过yum命令即可安装EPEL源，示例代码如下：

```
[root@localhost ~]# yum -y install epel-release
已加载插件: fastestmirror, langpacks
Loading mirror speeds from cached hostfile
 * base: mirrors.aliyun.com
 * extras: mirrors.aliyun.com
 * updates: mirrors.aliyun.com
...
完毕！
```

安装完成之后,查看仓库信息,示例代码如下:

```
[root@localhost ~]# yum repolist
已加载插件: fastestmirror, langpacks
Loading mirror speeds from cached hostfile
epel/x86_64/metalink                                          | 8.6 kB   00:00:00
 * base: mirrors.aliyun.com
 * epel: mirrors.tuna.tsinghua.edu.cn
 * extras: mirrors.aliyun.com
 * updates: mirrors.aliyun.com
Epel                                                          | 4.7 kB   00:00:00
(1/3): epel/x86_64/group_gz                                   |  95 kB   00:00:00
(2/3): epel/x86_64/updateinfo                                 | 1.0 MB   00:00:00
(3/3): epel/x86_64/primary_db                                 | 6.8 MB   00:06:23
源标识              源名称                                              状态
base/7/x86_64       CentOS-7 - Base - mirrors.aliyun.com               10,097
epel/x86_64         Extra Packages for Enterprise Linux 7 - x86_64     13,246
extras/7/x86_64     CentOS-7 - Extras - mirrors.aliyun.com             341
updates/7/x86_64    CentOS-7 - Updates - mirrors.aliyun.com            1,787
repolist: 25,471
```

从上述示例中可以看到,当前EPEL源中包含13 246个软件包。

刚刚安装的是EPEL源的epel-release包,其中的软件包大多数都相对稳定。另外,EPEL源还包括一个epel-testing包,其中的软件包都是最新的测试版,但相对来说稳定性较差。

2. 修改主机名

修改主机名,以便后续配置,具体示例如下:

```
hostnamectl set-hostname kolla
```

配置主机名解析,配置结果如下:

```
[root@kolla ~]# cat /etc/hosts
127.0.0.1 localhost localhost.localdomain localhost4 localhost4.localdomain4
::1 localhost localhost.localdomain localhost6 localhost6.localdomain6
192.168.1.161   kolla
```

3. 时间同步

如果使用虚拟机,那么默认时间是格林尼治时间,需要配置与国内时间同步,具体示例如下:

```
yum install ntp -y && systemctl enable ntpd.service && systemctl start ntpd.service
```

4. 配置pip源

pip是Python包管理工具,提供了对Python包的查找、下载、安装与卸载功能。创建pip配置路径,具体示例如下:

```
mkdir ~/.pip
```

创建pip配置文件，具体示例如下：

```
vim ~/.pip/pip.conf
```

配置文件内容如下：

```
[global]
index-url = http://mirrors.aliyun.com/pypi/simple/
[install]
trusted-host=mirrors.aliyun.com
```

5. 配置网卡

主机的两张网卡，一张是管理网卡，另一张是外网网卡，相关配置见表7.3。

表 7.3　Kolla 主机网卡配置

IP 地址	网卡名称	作用
192.168.1.161	ens33	OpenStack 内部管理网络，后续可通过该 IP 地址访问
无 IP	ens34	外部网络，通过与网络服务绑定，实现云平台上的实例与外网通信

ens34的配置内容如下：

```
TYPE=Ethernet
PROXY_METHOD=none
BROWSER_ONLY=no
BOOTPROTO=none
DEFROUTE=yes
IPV4_FAILURE_FATAL=no
NAME=ens34
DEVICE=ens34
ONBOOT=yes
```

网卡配置完成后，重新启动网络。

6. 安装与配置 Docker 服务

安装基础软件包，具体示例如下：

```
yum install python-devel libffi-devel gcc openssl-devel git python-pip -y
pip install -U pip
```

配置Docker国内源，具体示例如下：

```
# 安装必要的系统工具
sudo yum install -y yum-utils device-mapper-persistent-data lvm2
# 添加软件源信息
sudo yum-config-manager --add-repo https://mirrors.aliyun.com/docker-ce/linux/centos/docker-ce.repo
sudo sed -i 's+download.docker.com+mirrors.aliyun.com/docker-ce+' /etc/yum.repos.d/docker-ce.repo
```

```
# 更新并安装Docker-CE
sudo yum makecache fast
sudo yum -y install docker-ce
# 开启Docker服务
systemctl start docker && systemctl enable docker && systemctl status docker
```

查看安装结果,具体示例如下:

```
root@iZbp12adskpuoxodbkqzjfZ:$ docker version
Client:
 Version:      17.03.0-ce
 API version:  1.26
 Go version:   go1.7.5
 Git commit:   3a232c8
 Built:        Tue Feb 28 07:52:04 2017
 OS/Arch:      linux/amd64

Server:
 Version:      17.03.0-ce
 API version:  1.26 (minimum version 1.12)
 Go version:   go1.7.5
 Git commit:   3a232c8
 Built:        Tue Feb 28 07:52:04 2017
 OS/Arch:      linux/amd64
 Experimental: false
```

配置docker volume卷挂载方式,具体示例如下:

```
mkdir /etc/systemd/system/docker.service.d
tee /etc/systemd/system/docker.service.d/kolla.conf << 'EOF'
[Service]
MountFlags=shared
EOF
```

添加了"MountFlags=shared"后,当Docker宿主机新增分区时,Docker服务无须重启,便于后续添加磁盘。

配置镜像加速,具体示例如下:

```
curl -sSL https://get.daocloud.io/daotools/set_mirror.sh | sh -s http://f1361db2.m.daocloud.io
```

重启相关服务,具体示例如下:

```
systemctl daemon-reload
systemctl restart docker && systemctl status docker
```

任务7.4.2 安装Kolla-ansible

Kolla-ansible项目是基于Ansible的，所以在部署Kolla-ansible之前需要先安装Ansible，具体示例如下：

```
yum install ansible -y
```

通过pip安装kolla-ansible，具体示例如下：

```
pip install kolla-ansible
```

如果上述命令报错，那么可以执行以下命令：

```
pip install kolla-ansible --ignore-installed PyYAML
```

复制Kolla-ansible的相关配置文件，具体示例如下：

```
cp -r /usr/share/kolla-ansible/etc_examples/kolla /etc/
cp /usr/share/kolla-ansible/ansible/inventory/* /etc/kolla/
```

安装decorator包并升级，具体示例如下：

```
pip install -U decorator
pip install --upgrade decorate
```

生成OpenStack各个服务密码，具体示例如下：

```
kolla-genpwd
```

修改管理员身份认证密码，修改结果如下：

```
[root@kolla ~]# cat /etc/kolla/passwords.yml
keystone_admin_password: 123456
```

上述密码可用于云平台登录。

修改globals.yml文件，修改结果如下：

```
kolla_base_distro: "centos"
kolla_install_type: "binary"
openstack_release: "train"
kolla_internal_vip_address: "192.168.1.161"
network_interface: "ens33"
neutron_external_interface: "ens34"
enable_haproxy: "no"
```

生成密钥，并授信本节点，具体示例如下：

```
ssh-keygen
ssh-copy-id -i ~/.ssh/id_rsa.pub root@kolla
```

配置清单文件，配置结果如下：

```
[root@kolla ~]# vim /etc/kolla/all-in-one
# These initial groups are the only groups required to be modified. The
```

```
# additional groups are for more control of the environment.
[control]
kolla

[network]
kolla

[compute]
kolla

[storage]
kolla

[monitoring]
kolla

[deployment]
kolla
```

配置nova文件,具体示例如下:

```
[root@kolla ~]# mkdir /etc/kolla/config
[root@kolla ~]# mkdir /etc/kolla/config/nova
[root@kolla ~]# cat >> /etc/kolla/config/nova/nova-compute.conf << EOF
[libvirt]
virt_type = qemu
cpu_mode = none
EOF
```

任务7.4.3 安装Kolla

对主机进行预检查,具体示例如下:

```
kolla-ansible -i /etc/kolla/all-in-one prechecks
```

预检查结果没有异常,可以拉取镜像,具体示例如下:

```
kolla-ansible -i /etc/kolla/all-in-one pull
```

等待一段时间,镜像拉取完成后,查看镜像数量,具体示例如下:

```
[root@kolla ~]# docker images | wc -l
31
```

由上述结果可知,当前拉取了31个镜像,而不同的OpenStack版本可能拉取的镜像数量不同。

正式开始部署OpenStack，具体示例如下：

```
kolla-ansible -i /etc/kolla/all-in-one deploy
```

等待一段时间，OpenStack部署完成后可通过命令验证部署结果，具体示例如下：

```
kolla-ansible -i /etc/kolla/all-in-one post-deploy
```

创建认证文件，创建结果如下：

```
[root@kolla ~]# cat /etc/kolla/admin-openrc.sh
export OS_PROJECT_DOMAIN_NAME=Default
export OS_USER_DOMAIN_NAME=Default
export OS_PROJECT_NAME=admin
export OS_TENANT_NAME=admin
export OS_USERNAME=admin
export OS_PASSWORD=123456
export OS_AUTH_URL=http://192.168.1.161:35357/v3
export OS_INTERFACE=internal
export OS_IDENTITY_API_VERSION=3
export OS_REGION_NAME=RegionOne
export OS_AUTH_PLUGIN=password
```

通过浏览器访问OpenStack云平台，如图7.8所示。

图 7.8　OpenStack 云平台登录界面

用户可通过默认用户名admi与之前设置的密码登录云平台。

知识扩展

一、Docker 的基本架构

Docker 目前采用了标准的 C/S 架构,即服务端/客户端架构,服务端用于管理数据,客户端负责与用户交互,将获取的用户信息交由服务器处理,如图 7.9 所示。

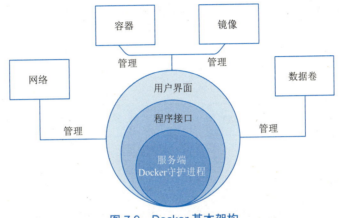

图 7.9 Docker 基本架构

服务器与客户机既可以运行在同一台机器上,也可以运行在不同机器上,通过 socket(套接字)或者 RESTful API 进行通信。

1. 服务端

Docker 服务端也就是 docker Daemon,一般在宿主机后台运行,作为服务端接收来自客户的请求并处理这些请求。在设计上,Docker 服务端是一个模块化的架构,通过专门的 Engine 模块分发管理各个来自客户端的任务。

Docker 服务端默认监听本地的 unix:///var/run/Docker.sock 套接字,只允许本地的 root 用户或 Docker 用户组成员访问,可以通过 -H 参数修改监听方式。

此外,Docker 还支持通过 HTTPS 认证方式验证访问。

Debian/Ubuntu 14.04 等使用 upstart 管理启动服务的系统中,Docker 服务端的默认启动配置文件为 /etc/default/Docker。对于使用 systemd 管理启动服务的系统,配置文件为 /etc/systemd/system/Docker.service.d/Docker.conf。

2. 客户端

用户不能与服务端直接交互,Docker 客户端为用户提供了一系列可执行命令,用户通过这些命令与 Docker 服务端进行交互。

用户使用的 Docker 可执行命令即为客户端程序。与 Docker 服务端不同的是,客户端发送命令后,等待服务端返回,收到返回后,客户端立刻执行结束并退出。当用户执行新的命令时,需要再次调用客户端命令。同样,客户端默认通过本地的 unix:///var/run/Docker.sock 套接字向服务端发送命令。如果服务端没有在默认监听的地址,则需要用户在执行命令时指定服务端地址,如图 7.10 所示。

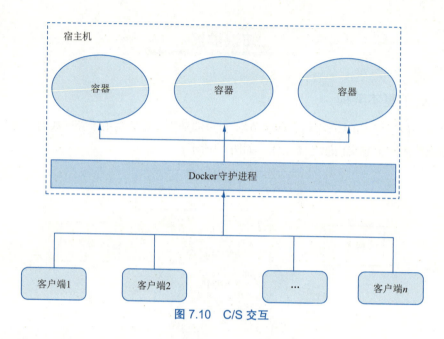

图 7.10　C/S 交互

二、容器编排介绍

容器的出现和普及为开发者提供了良好的平台和媒介，使传统的开发和运维变得更加简单与高效。Docker 本身非常适合用于管理单个容器，但真正的生产环境中还会涉及多个容器的封装和服务之间的协同处理。这些容器必须跨过多个服务器主机进行部署与连接，单一的管理方式已经满足不了业务的需求。在这种情况下，容器编排工具应运而生，最具代表性的有以下三种。

1. Apache 公司的 Mesos

Mesos 是 Apache 旗下的开源分布式资源管理框架，由美国加州大学伯克利分校的 AMPLab 开发。早期的 Mesos 通过了万台节点的验证后，于 2014 年后被广泛使用于 eBay、Twitter 等大型互联网公司的生产环境中。

2. Docker 公司三剑客

容器诞生后，Docker 公司就意识到单一容器体系的弊端，为了能够有效地解决用户的需求和集群中的瓶颈，Docker 公司相继推出 Machine、Compose、Swarm 项目。

Machine 项目由 Go 语言编写，既可以实现 Docker 运行环境的安装与管理，也可以实现批量在指定节点或平台上安装并启动 Docker 服务。

Compose 项目由 Python 语言编写，可以实现基于 Docker 容器多应用服务的快速编排，其前身是开源项目 fig。Compose 项目使用户可以通过单独的 ymal 文件批量创建自定义的容器，并通过 api 接口对集群中 Docker 服务进行管理。

Swarm 项目基于 Go 语言编写，支持原生态的 Docker api 和 Docker 网络插件，可以很容易实现跨主机集群部署。

3. Google 公司 Kubernetes

Google 公司开发的 Kubernetes 提供了一种简单而有效的方式来部署、扩展和管理容器化应用程序，使得在容器集群中运行应用程序更加容易。

Kubernetes的核心特点包括：

① 容器编排：Kubernetes通过自动化容器的部署、扩展和管理，实现了容器化应用的高效部署和管理。

② 自动扩展：Kubernetes可以自动化容器集群的扩展，无须手动管理集群节点。

③ 资源管理：Kubernetes可以根据应用程序的需求动态调整资源分配，包括节点数、内存、磁盘空间等。

④ 服务发现和动态伸缩：Kubernetes可以实现服务的发现和动态扩缩容，从而更好地支持应用程序的扩展和变化。

⑤ 安全性：Kubernetes提供了多种安全机制，包括访问控制、身份验证、加密通信等，保证了应用程序的安全性。

⑥ 可观察性：Kubernetes提供了可观察性机制，可以实现对容器集群的实时监控和管理，从而更好地支持应用程序的部署和调整。

总的来说，Kubernetes是一款非常强大的容器编排系统，可以帮助开发人员更加高效地部署和管理容器化应用程序，提高了应用程序的可用性和可靠性。

项目小结

本项目部署了基于容器技术的OpenStack云平台。通过本项目的学习，希望读者能够了解容器技术的工作原理，熟悉Docker容器引擎的基本操作方式，掌握Kolla项目的部署流程与方法，积累一定的项目经验。

项目考核

一、选择题

1. 下列选项中，基于程序隔离的是（　　）。（2分）
   A. KVM　　　　B. Qemu　　　　C. Docker　　　　D. Xen

2. 下列选项中，不属于容器编排工具的是（　　）。（2分）
   A. Swarm　　　B. Kubernetes　　C. Mesos　　　　D. Podman

3. 镜像分层机制中，属于可读可写层的是（　　）。（2分）
   A. 容器层　　　B. 只读层　　　　C. 镜像层　　　　D. 基础层

4. 下列选项中，用于拉取镜像的命令是（　　）。（2分）
   A. docker pull　B. docker run　　C. docker ps　　　D. docker rm

5. 下列选项中，用于运行容器的命令是（　　）。（2分）
   A. docker pull　B. docker run　　C. docker ps　　　D. docker rm

二、操作题

1. 完成Docker镜像拉取。（1分）
2. 完成Docker容器运行。（1分）
3. 完成Kolla环境部署。（2分）
4. 完成kolla-ansible安装。（3分）
5. 完成Kolla安装。（3分）

参 考 文 献

[1] 谢显杰. 基于OpenStack的私有云平台构建研究[J]. 信息与电脑：理论版，2022，34(5)：88-91.

[2] 何绍华，臧玮，孟学奇. Linux操作系统[M]. 北京：人民邮电出版社，2017.

[3] 刘志成，林东升，彭勇. 云计算技术与应用基础[M]. 北京：人民邮电出版社，2017.

[4] 卢春光，贾亚娟. 基于OpenStack的云计算平台在高校教学中的应用[J]. 无线互联科技，2021，18(18)：112-114.

[5] 冯子煦. 云计算技术应用实践[J]. 中国新通信，2021，23(6)：112-113.

[6] 杨国华，史宝会. OpenStack云计算基础架构平台技术与应用[M]. 北京：人民邮电出版社，2017.

[7] 王伟，郭栋，张礼庆，等. 云计算原理与实践[M]. 北京：人民邮电出版社，2018.

[8] 崔轲，燕玮，刘子健，等. 基于OpenStack云平台的Docker容器安全监测方法研究[J]. 信息技术与网络安全，2022，41(4)：65-70.

[9] 张永奎. 数据库原理与设计[M]. 北京：人民邮电出版社，2019.